钳工技术

主　编◎刘享友　赖明燕

副主编◎王健华　李大敏　李晓梅

参　编◎陈沪川　夏海燕　尹　琛

罗道华　陈福利　杨小刚

蒋　鹏　彭　浪

重庆大学出版社

图书在版编目（CIP）数据

钳工技术 / 刘享友，赖明燕主编. -- 重庆：重庆
大学出版社，2024.11. -- ISBN 978-7-5689-4965-1

Ⅰ. TG9

中国国家版本馆CIP数据核字第20247ZE697号

钳工技术

主 编 刘享友 赖明燕

副主编 王健华 李大敏 李晓梅

策划编辑：陈一柳

责任编辑：陈 力　　版式设计：陈一柳
责任校对：谢 芳　　责任印制：赵 晟

*

重庆大学出版社出版发行

出版人：陈晓阳

社址：重庆市沙坪坝区大学城西路21号

邮编：401331

电话：（023）88617190　88617185（中小学）

传真：（023）88617186　88617166

网址：http://www.cqup.com.cn

邮箱：fxk@cqup.com.cn（营销中心）

全国新华书店经销

重庆正光印务股份有限公司印刷

*

开本：787mm×1092mm　1/16　印张：12.75　字数：281 千
2024年11月第1版　2024年11月第1次印刷
ISBN 978-7-5689-4965-1　定价：48.00元

前　言

　　本书依据国家职业标准对初级钳工的工作要求和《中华人民共和国国家职业技能鉴定规范》进行编写，用于初级钳工的知识学习和技能培训。全书在保证知识连贯性的基础上，着眼钳工基本操作技能的学习，力求突出针对性、典型性和实用性。

　　本书是新版中等职业学校装备制造类专业教材之一，以装备制造技术类专业人才培养方案及相关企业岗位所需能力标准为依据，秉持初级钳工技术的行业针对性原则和中职基础制造类专业教学实用性原则，注重理论与实践相结合。全书共分钳工技能基本知识和技能实训工作页两个部分：第一部分包括钳工入门、零件划线、金属锯削、金属錾削、金属锉削、金属钻削、螺纹加工7个项目；第二部分包括锯削钢件、锯削型材、錾削狭平面、錾削直槽、錾削平面、锉削正方形、锉削六方体与倒圆角、孔加工练习Ⅰ、孔加工练习Ⅱ、孔加工练习Ⅲ、内螺纹加工、外螺纹加工、制作L形工件、制作凸形工件、制作V形工件、制作燕尾形工件、制作鸭嘴榔头等17个技能实训工作页。

　　本书在内容上将初级钳工的专业知识与基本操作技能有机融合，并融入课程思政、工匠精神、劳动精神及企业标准化管理等内容，采取项目任务、活页式编写，循序渐进，易学易用。通过本书的学习，学习者能具备初级钳工的职业技能以及爱岗敬业、规范操作的职业素养。本书可作为中等职业学校装备制造类专业钳工技能训练的教学用书，也可作为机械、数控、模具、机电、汽车维修等专业的培训用书。

　　本书由刘享友、赖明燕担任主编。项目一及其实训工作页由重庆市荣昌区职业教育中心赖明燕编写；项目二及其实训工作页由重庆市荣昌区职业教育中心刘享友、重庆工贸技师学院杨小刚编写；项目三及其实训工作页由重庆市荣昌区职业教育中心罗道华、王健华编写；项目四及其实训工作页由重庆市荣昌区职业教育中心夏海燕、尹琛编写；项目五及其实训工作页由重庆市荣昌区职业教育中心李大敏、重庆市轻工业学校蒋鹏编写；项目六及其实训工作页由重庆市荣昌区职业教育中心李晓梅、重庆市轻工业学校彭浪编写；项目七及其实训工作页由重庆市荣昌区职业教育中心罗道华、陈福利、陈沪川编写；赖明燕对全书进行了统筹，刘享友对全书进行了审稿。本书的编写得到了重庆市模具工业协会秘书长赵青陵、重庆市轻工业学校赵勇、重庆市酉阳职业教育中心龙中江等兄弟学校老师的倾力指导和帮助，在此表示衷心感谢。

由于编写水平有限，书中难免存在疏漏之处，恳请广大读者批评指正。

编　者

2024 年 4 月

目　录

项目一
钳工入门

◆ 项目概述

　　钳工是以手工操作为主的一个工种，利用手持工具在台虎钳上对金属进行切削加工。钳工加工灵活，可加工形状复杂和高精度的零件，投资小，但生产效率低、劳动强度大、加工质量不稳定。钳工技能要求加强基本技能练习，规范操作，多练多思，勤劳创新。本项目分为3个任务：任务一是认知钳工与安全文明生产；任务二是初识钳工的场地和设备；任务三是钳工常用量具的选择及测量。通过任务的学习，让同学们认识钳工及安全文明生产的重要性，初识钳工常用设备，学会钳工常用量具的选择与测量。

◆ 项目目标

【知识目标】

1. 能讲出钳工安全文明生产的注意事项。

2. 能讲出钳工工作范围、基本操作技能、常用设备的名称。

3. 能选择钳工常用量具并测量读数。

【能力目标】

1. 能根据要求选择钳工常用设备。

2. 能根据要求选择钳工常用量具，并测量读数。

【素养目标】

1. 培养学生安全文明实训意识。

2. 培养学生一丝不苟的工匠精神。

3. 培养学生勤俭节约的意识。

任务一　认知钳工与安全文明生产

认识钳工与安
全文明生产

◆ **任务描述**

　　小王是一名中职学校机械专业学生，本学期将学习"钳工工艺与技能训练"这门课程，他在老师的指导下开始学习，通过学习钳工知识，明白安全文明生产的重要性。

◆ **知识准备**

一、钳工

1. 钳工的概念

　　钳工是以手工操作为主的一个工种，利用手持工具在台虎钳上对金属进行切削加工。钳工加工灵活，可加工形状复杂和高精度的零件，投资小，但生产效率低、劳动强度大、加工质量不稳定。随着机械工业的发展，钳工分工进一步细化，分为普通钳工、划线钳工、修理钳工、装配钳工、模具钳工、工具钳工和钣金钳工等。

2. 钳工的基本操作内容

　　钳工的基本操作内容主要包括划线、锯削、锉削、孔加工和螺纹加工等，如图 1-1-1 所示。

（a）划线

（b）锯削

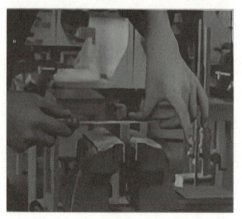

（c）锉削

（d）孔加工

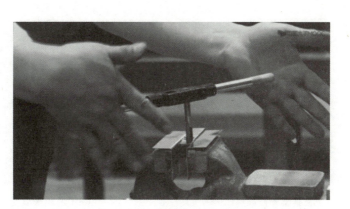

（e）螺纹加工

图 1-1-1　钳工的基本操作内容

二、钳工安全文明生产

钳工安全文明生产操作规程如下：

①钳工场地设备布局要合理，并经常保持整洁，如图 1-1-2（a）所示。

②使用的机床及工量具应经常进行检查，如图 1-1-2（b）所示。

③使用电动工具时，要有绝缘防护和安全接地措施，如图 1-1-2（c）所示。

④常用工量具应整齐放置在钳台的适当位置，以便拿取。量具不能与工具和工件堆放在一起，以防损坏量具或降低量具的测量精度，如图 1-1-2（d）所示。

⑤毛坯和加工工件应放在规定的位置，并排列整齐，安放平稳，既要保证安全和场地整洁，又要便于加工时取放工件，如图 1-1-2（e）所示。

⑥产生的切屑切记不能用嘴吹或用手抹，而应用刷子刷掉，如图 1-1-2（f）所示。

⑦装拆零件、部件时，要托好、扶稳或夹牢，以免跌落受损或伤人。

⑧钳工操作时，应顾及前后左右，并保持一定距离，以免碰伤他人，如图 1-1-2（g）所示。

⑨切记不能在车间内追逐打闹。

（a）钳工场地整体布局　　　　　（b）检查机床及工量具　　　　　（c）绝缘防护和安全接地措施

（d）工量具整齐摆放

（e）毛坯摆放要求

（f）刷子刷切销

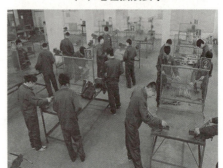

（g）人与人之间距离

图 1-1-2　钳工安全文明生产操作规程

◆ **任务实施**

一、任务准备

①进入实训车间需按照安全要求穿戴防护用品。
②强调安全注意事项。

二、技能训练步骤

①初识钳工的概念。
②认知钳工基本操作内容。
③牢记钳工文明生产操作规程。

三、注意事项及安全文明生产

①对钳工有初步认识，遵守车间安全操作规程。
②将安全牢记于心，切记"安全第一、文明实训"。

◆任务检测

检测项目及评分标准

班级：　　　　　　　　姓名：　　　　　　　　成绩：

序号	质量检查内容	配分 / 分	评分标准	检测记录	得分 / 分
1	钳工的概念	20	作业形式完成		
2	钳工的种类	10	作业形式完成		
3	钳工的基本操作内容	20	作业形式完成		
4	钳工的安全文明生产及操作规程	50	安全文明考试		
总分		100	合计		

任务二　初识钳工的场地和设备

◆任务描述

在小王同学对钳工有了初步认识，牢记钳工安全生产操作规程后，今天到车间熟悉场地，认识钳工的常用设备，为今后的钳工学习打下基础。通过熟悉钳工场地，能知晓常用设备名称，明白它们的使用及保养方法。

◆知识准备

一、钳工工作场地

钳工工作场地是钳工的固定工作地点。合理组织好钳工的工作场地，是保障安全文明生产、提高劳动生产效率和产品质量的重要措施。对钳工工作场地要求如下：

①合理布局主要设备。钳台是钳工工作常用的场所，应安放在光线适宜、工作方便的地方；面对面使用的钳台应在中间装上安全网；钳桌的间距要适当；砂轮机、钻床应安装在场地的边沿，尤其是砂轮机，一定要安放在安全可靠的地方，使得即使砂轮飞出也不致伤及人员，必要时可将砂轮机安装在车间外墙檐。

②毛坯和工件的摆放要整齐，尽量放在搁架上。

③合理、整齐存放工量具，使其取用方便。不允许任意堆放，以防工量具受损坏。精密的工量具要轻拿轻放。常用的工量具应放在工作台附近，以便随时拿取，工量具用后要及时清扫干净，并将切屑等污物及时送运到指定地点。

④保持工作场地的整洁。

钳工的常用设备有钳台、台虎钳、砂轮机和钻床等，如图 1-2-1 所示。

（a）钳台

（b）台虎钳

（c）砂轮机

（d）钻床

图 1-2-1　钳工场地常用设备

二、钳工常用设备的使用

1. 钳台

　　钳台也称钳工台或钳桌，主要用来安装台虎钳，如图 1-2-2 所示。钳台常用硬质木板或钢材制成，要求坚实、平稳，以便确保工作时的稳定性。台面上要安装台虎钳，有的还要安装防护网。为了使操作者有合适的工作高度和位置，要求钳桌的桌面到地面的高度为 800~900 mm，钳桌的长度和宽度可根据工作场地的大小和实际生产需要来确定。

图 1-2-2　钳台

钳台的注意事项：

①钳台上放置的各种工具、量具和工件不要处于钳桌边缘处。

②量具和精密零件应当摆放整齐，钳桌表面上垫一块橡胶板以防止碰伤零件。

③暂时不使用的工具和量具，应当整齐地摆放在钳桌的抽屉内或工具箱中。

④工件加工后，应马上清除桌面上的铁屑和杂物，并放置好相关的工具、量具和工件，保持桌面的整洁。

2. 台虎钳

台虎钳是用来夹持工件的通用夹具。台虎钳的规格以钳口的宽度来表示，常用的台虎钳有 100、125、150 mm 3 种。台虎钳有固定式和回转式两种，它们的主要构造和工作原理基本相同，如图 1-2-3 所示。回转式台虎钳能够回转，使用方便，应用较广。

（a）固定式台虎钳

（b）回转式台虎钳

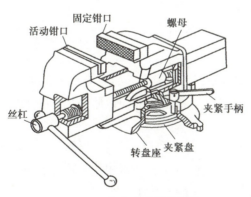
（c）台虎钳的结构

图 1-2-3　台虎钳

在钳台上安装台虎钳时，必须使固定钳身的钳口工作面处于钳台边缘之外，以便在夹持长工件时，工件的下端不受钳台边缘的阻碍，如图 1-2-4 所示。此外，台虎钳必须牢固地固定在钳台上，安装的夹紧螺钉必须拧紧，以免在工作时钳身发生松动而损坏台虎钳和影响加工质量，发生不必要的安全事故。台虎钳安装后，使钳口的高度与一般操作者的手肘平齐，从而方便操作，如图 1-2-5 所示。

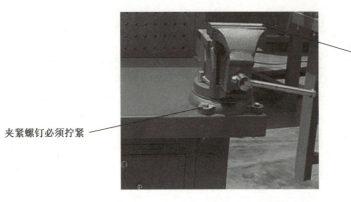

固定钳身的钳口工作面处于钳台边缘之外

夹紧螺钉必须拧紧

图 1-2-4　台虎钳的安装

固定钳口

钳桌边缘

图 1-2-5　台虎钳钳口与操作者手肘平齐

台虎钳的使用及保养：

①夹紧工件要松紧适当，只能用手拧紧手柄，不得借助其他工具加力，如图 1-2-6（a）所示。

②强力作业时，应尽量使力朝向固定钳身，如图 1-2-6（b）所示。

③不要在活动钳身的光滑平面上敲击作业，以防破坏它与固定钳身的配合性能，如图 1-2-6（c）所示。

④对丝杠、螺母等活动表面，应经常清洗、润滑，以防生锈，如图 1-2-6（d）所示。

⑤锉削时，工件的表面应高于钳口面，不得用钳口面作基准面来加工平面，以免锉刀磨损和台虎钳损坏，如图 1-2-6（e）所示。

⑥松、紧台虎钳时，应扶住工件，防止工件跌落伤物伤人。

（a）用手拧紧手柄　　　　　　　　　（b）强力作业要求

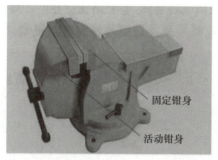

（c）不要在活动钳身上敲击作业

（d）经常清洗、润滑

（e）工件表面应高于钳口面

图1-2-6 台虎钳的使用与保养

3. 砂轮机

砂轮机主要用来磨削各种刀具或工具，如磨削钻头、刮刀、车刀、样冲、划针，也可用来磨去工件或材料上的毛刺、锐边。砂轮机主要由砂轮、电动机、防护罩、托架和砂轮机座等组成，如图1-2-7所示。

砂轮机的使用及保养：

①砂轮的旋转方向应正确，使磨屑向下飞离砂轮而不致伤人，如图1-2-8（a）所示。

②砂轮机启动后应观察砂轮的运转情况，待转速正常后再进行磨削，如图1-2-8（b）所示。

③作业时严格佩戴护目镜。

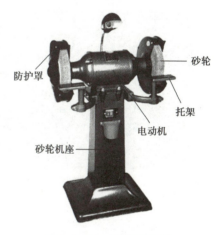

图1-2-7 砂轮机的构造

④磨削时，不要对砂轮施加过大的压力，以免磨削件打滑伤人，或发生剧烈撞击引起砂轮破裂，如图1-2-8（c）所示。

⑤磨削过程中，操作者应站在砂轮的侧面或斜对面，不要站在砂轮的正对面，严禁使用砂轮的侧面进行研磨。

⑥砂轮磨削面必须经常修整，以使砂轮的外圆及端面没有明显的跳动，如图1-2-8（d）所示。

⑦拧松调整螺钉，保持砂轮机的托架与砂轮间的距离在3 mm以内，以防止磨削件扎人，造成事故，如图1-2-8（e）所示。

⑧严禁两人或多人同时操作同一台砂轮机。

⑨砂轮机用完后，应立即关掉电源，清理现场后离开，如图 1-2-8（f）所示。

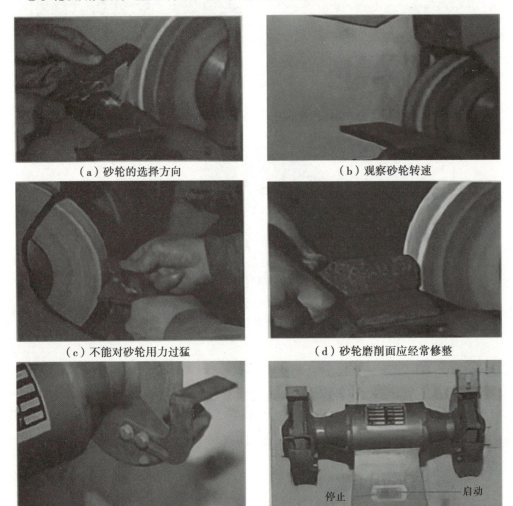

（a）砂轮的选择方向

（b）观察砂轮转速

（c）不能对砂轮用力过猛

（d）砂轮磨削面应经常修整

（e）拧松调整螺钉

（f）关闭砂轮机电源

停止　启动

图 1-2-8　砂轮机的使用与保养

4. 钻床

常用的钻床有台式钻床、立式钻床和摇臂钻床 3 种，手电钻也是常用的钻孔工具。

（1）台式钻床

台式钻床简称台钻，是指可安放在作业台上，主轴竖直布置的小型钻床。台式钻床钻孔直径一般在 13 mm 以下。台钻小巧灵活，使用方便，结构简单，主要用于加工小型工件上的各种小孔。它在仪表制造、钳工和装配中用得较多。台式钻床由主轴、钻夹头、底座、手柄、工作台、皮带护罩和电动机等组成，如图 1-2-9 所示。

台钻加工的孔径较小，台钻的主轴转速一般较高，最高转速可高达每分钟近万转，最低为 400 r/min 左右，不适宜进行孔和铰孔加工。主轴的转速可用改变 V 带在带轮上的位置来调节，如图 1-2-10 所示。台钻的主轴进给由转动进给手柄实现。在钻孔前，需根据工件高低调整好工作台与主轴架间的距离，并锁紧固定。

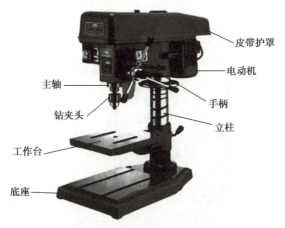

图 1-2-9　台式钻床的结构

图 1-2-10　台式钻床主轴转速的调整

（2）立式钻床

立式钻床简称立钻。与台钻相比，立式钻床刚性好、功率大，允许钻削较大的孔，生产率较高，加工精度较高。立式钻床适用于单件、小批量生产中加工中小型工件上的孔，其规格有 25、35、40、50 mm 等。立式钻床由主轴变速箱、进给变速箱、底座、立柱和工作台等组成，如图 1-2-11 所示。

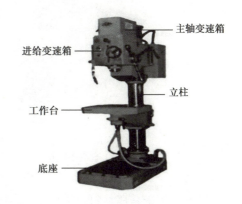

图 1-2-11　立式钻床的结构

立式钻床的主轴转速和机动进给量有较大变动范围，适用于不同材料的加工和进行钻孔、扩孔、锪孔、铰孔及攻螺纹等多种工作。

（3）摇臂钻床

摇臂钻床有一个能绕立柱旋转的摇臂，摇臂带着主轴箱可沿立柱垂直移动，同时主轴箱还能在摇臂上横向移动，如图1-2-12所示。操作时能很方便地调整刀具的位置，以对准被加工孔的中心，无须移动工件来进行加工。摇臂钻床适用于一些笨重的大工件以及多孔工件的加工。

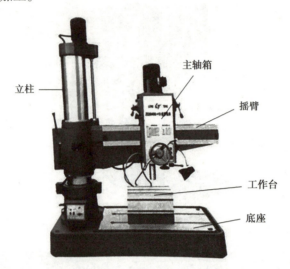

立柱

主轴箱

摇臂

工作台

底座

图1-2-12　摇臂钻床的结构

摇臂钻床的主轴变速范围和进给量调整范围广，加工范围广，可用于钻孔、扩孔、锪孔、锪平面、铰孔及攻螺纹等多种工作。

（4）手电钻

手电钻就是以交流电源或直流电源为动力的钻孔工具，是一种携带方便的小型钻孔用工具。手电钻按电源种类的不同可分为直流手电钻和交流手电钻，如图1-2-13所示。直流手电钻电源一般使用充电电池，可在一定时间内，在无外接电源的情况下正常工作，目前直流手电钻已被广泛应用。

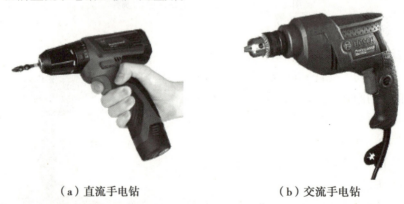

（a）直流手电钻　　　　　　　（b）交流手电钻

图1-2-13　手电钻

手电钻用于金属材料、木材和塑料等钻孔，当装有正反转开关和电子调速装置后，可用来进行螺纹拆装。

钻床的使用及保养（以立式钻床为例）：

①在立钻开动前，应对机电系统及所有的工具、夹具进行全面检查，确认无误后，

方可操作。

②设备操作时，禁止戴围巾、领带、手套，女工发辫应绕在帽子里。

③工件装夹必须牢固。钻小件时，应用工具夹持，不准用手拿着钻。

④使用自动走刀时，要选好进给速度，调整好行程限位；使用手动进刀时，应逐渐增压或逐渐减压，以免用力不均匀造成事故。

⑤钻头上绕有长铁屑时，要停车清除，禁止用风吹、用手拉，要用刷子或铁钩清除。

⑥不可在钻床启动后测量工件，更不能用手去触摸旋转的钻头。

⑦工作台上不能有多余的工件。

⑧操作结束后立即关掉电源，工量具归位，清理干净。

◆ **任务实施**

一、任务准备

①进入实训车间穿工装。

②强调安全注意事项。

二、技能训练步骤

①初识钳工场地，熟悉钳工场地的常用设备。

②牢记钳工常用设备的使用及保养。

③牢记钳工常用设备的安全注意事项。

三、注意事项及安全文明生产

①对钳工场地有初步认识，遵守车间的安全操作规程要求。

②将安全牢记于心，切记"安全第一、文明实训"。

◆ **任务检测**

检测项目及评分标准

班级：　　　　　　　　　　姓名：　　　　　　　　　　成绩：

序号	质量检查内容	配分/分	评分标准	检测记录	得分/分
1	钳工场地的要求	10	作业完成情况		
2	钳工场地常用设备	10	作业完成情况		
3	钳台的要求	10	作业完成情况		
4	台虎钳的使用方法及保养	20	作业完成情况		
5	砂轮机的使用方法及保养	20	作业完成情况		
6	钻床的相关知识	20	作业完成情况		
7	安全文明	10	上课纪律情况		
总分		100	合计		

任务三　钳工常用量具的选择及测量

◆任务描述

钳工车间张师傅接到技术主管安排，要制作一个零件（图1-3-1）的任务。按照图纸要求，张师傅分析了加工工艺及操作安全注意事项后，把检测零件的尺寸工作任务交给车间实习的小王同学来完成。在张师傅指导下，小王同学认真学习钳工常用量具的选择及测量相关知识，完成了零件的检测任务。

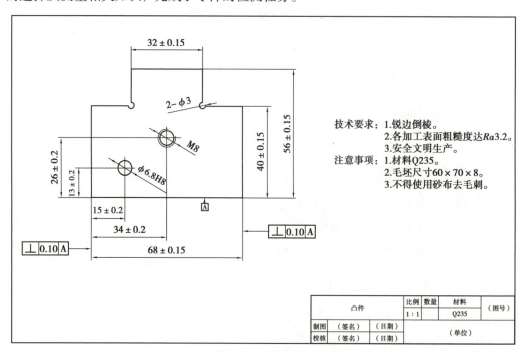

图1-3-1　凸件

◆知识准备

一、钢直尺

1. 钢直尺的构造及作用

钢直尺又称"母尺"，是一种简单的量具。如图1-3-2所示，A面以毫米（mm）为单位，B面以英寸（in）为单位。钢直尺的长度尺寸规格有150、300、500、600、1 000、1 500、2 000 mm，测量精度一般只能达到0.2~0.5 mm。

钢直尺的作用是用来量取尺寸，测量工件的长度、宽度、高度和深度，以及划直线用。

（a）A面

（b）b面

图 1-3-2 钢直尺

2. 钢直尺的使用及注意事项

（1）钢直尺的使用

①使用钢直尺时，应以左端的零刻度线为测量基准，这样不仅便于找正测量基准，而且便于读数。

②测量时，直尺要放正，不得前后左右歪斜，否则，从直尺上读出的数据会比被测的实际尺寸大。

③用钢直尺测圆截面直径时，被测面应平，使尺的左端与被测面的边缘相切，摆动尺子找出最大尺寸，即为所测直径。

④钢直尺的另外几种测量方法如图 1-3-3 所示。

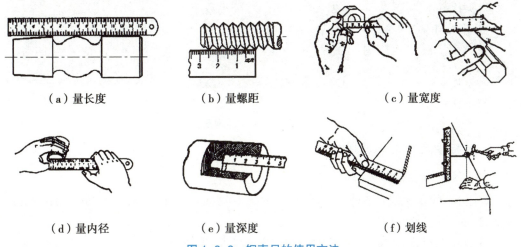

（a）量长度　　　　　　（b）量螺距　　　　　　（c）量宽度

（d）量内径　　　　　　（e）量深度　　　　　　（f）划线

图 1-3-3 钢直尺的使用方法

（2）注意事项

①钢直尺表面刻度保持清晰。

②使用完毕后要保持钢直尺的清洁，必要时用防锈油擦拭，防止生锈。

③防止钢直尺弯曲影响测量。

二、游标卡尺

游标卡尺的
使用

1. 游标卡尺的构造、规格及作用

游标卡尺是一种适合测量中等精度的量具，可以直接量出工件的外尺寸、内尺寸、

深度尺寸，在工厂中广泛使用。游标卡尺由内测量爪、外测量爪、尺身（也称主尺）、紧固螺钉、游标尺（也称副尺）和深度尺等构成，如图 1-3-4 所示。游标卡尺按其测量精度有 1/10 mm（0.10）、1/20 mm（0.05）和 1/50 mm（0.02）3 种，游标卡尺按测量范围分为 0~125 mm、0~200 mm、0~300 mm 和 0~500 mm 等。

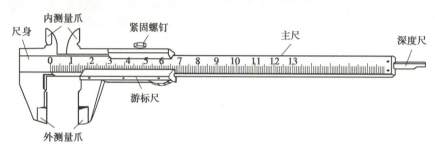

图 1-3-4　游标卡尺结构

利用外测量爪可以测量工件的厚度和管子的外径，利用内测量爪可以测量槽的宽度和管的内径，深度尺与游标尺连在一起，可以测量槽和筒的深度，如图 1-3-5 所示。

（a）测量工件外径　　　　　（b）测量工件内径　　　　　（c）测量工件深度

图 1-3-5　游标卡尺的测量应用

2. 游标卡尺的刻线原理与读数

（1）游标卡尺的刻线原理

游标卡尺上的刻线有 3 种，分别为 0.1 mm、0.02 mm 和 0.05 mm，常用的是 0.02 mm，以 0.02 mm 为例进行讲解。

当游标卡尺上的两个量爪合拢时，游标尺上的 50 格正好与主尺上的 49 mm 对正，如图 1-3-6 所示。主尺上每一个小格是 1 mm，则游标尺上每一个小格是 49 mm / 50=0.98 mm。

图 1-3-6　五十分度游标卡尺的原理

主尺与游标尺每格之差为 1-0.98=0.02（mm）。此差值即为 1/50 mm 游标卡尺的测量精度。

若一个物体 0.02 mm 厚，则会出现游标卡尺游标尺上的第一条刻线与主尺上的第一条刻线对齐的情况。

若一个物体 0.04 mm 厚，则会出现游标卡尺游标尺上的第二条刻线与主尺上的第二条刻线对齐的情况。以此类推。

（2）游标卡尺的读数

游标卡尺的读数是将主尺上的读数和游标上的读数读出，然后相加即为测得工件的尺寸数值。主尺上读出的数是毫米的整数数值，游标上读出的数是毫米的小数数值，如图 1-3-7 所示。

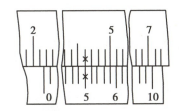

21 mm+0.5 mm=21.5 mm

图 1-3-7　游标卡尺的读数

3. 游标卡尺的使用及保养

游标卡尺的使用步骤如下（以五十分度为例）：

①清洁待测工件。

②清洁游标卡尺，检查游标卡尺的两个测量面和测量刀口是否完好。

③游标卡尺零点校正。当量爪密切结合后，游标卡尺主尺和游标尺的零点必须对齐，否则应进行维修。

④用游标卡尺测量工件。

⑤读出游标卡尺上的读数。

⑥清洁游标卡尺，放入工具箱。

三、高度游标卡尺

1. 高度游标卡尺的构造、规格及作用

高度游标卡尺简称高度尺，主要用途是测量工件的高度，另外经常用于测量形状和位置公差尺寸，有时也用于划线。高度游标卡尺由基座、量爪、紧固螺钉、尺框、微动装置、主尺、游标等结构组成，如图 1-3-8 所示。高度游标卡尺的结构特点是用质量较大的基座代替固定量爪，而动的尺框则通过横臂装有测量高度和划线用的量爪，量爪的测量面上镶有硬质合金，提高量爪的使用寿命。根据读数形式的不同，高度游标卡尺可分为普通游标式和电子数显式两大类。高度尺的规格常用的有 0~300 mm、0~500 mm、0~1 000 mm、0~1 500 mm、0~2 000 mm。高度游标卡尺的刻线原理及读数与游标卡尺相同。

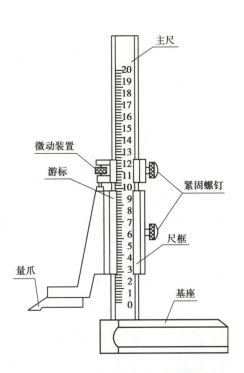

图 1-3-8　高度游标卡尺的结构

2. 高度游标卡尺的使用及保养

(1) 高度游标卡尺的使用

高度游标卡
尺的使用

高度游标卡尺的使用应在平台上进行。当量爪的测量面与基座的底平面位于同一平面时，尺与游标的零线相互对准。在测量高度时，量爪测量面的高度，就是被测量零件的高度尺寸，它的具体数值与游标卡尺一样可在主尺（整数部分）和游标（小数部分）上读出。在划线时，调好划线高度，用紧固螺钉把尺框锁紧后，在平台上先进行调整再进行划线。如图 1-3-9 所示为高度游标卡尺的划线示例。

图 1-3-9 高度游标卡尺的划线示例

(2) 高度游标卡尺的保养

①游标卡尺是比较精密的测量工具，要轻拿轻放，不得碰撞或跌落地下。使用时不要用来测量粗糙的物体，以免损坏量爪，不用时应置于干燥地方防止锈蚀。

②测量时，应先拧松紧固螺钉，移动游标时不能用力过猛，两量爪与待测物的接触不宜过紧，不能使被夹紧的物体在量爪内挪动。

③测量结束要把卡尺平放，尤其是大尺寸的卡尺更应注意，否则尺身会弯曲变形。

④读数时，视线应与尺面垂直。如需固定读数，可用紧固螺钉将游标固定在尺身上，防止滑动。

⑤不允许把卡尺的两个测量爪当作螺钉扳手用，或把测量爪的尖端用作划线工具、圆规等。移动卡尺的尺框和微动装置时，不要忘记松开紧固螺钉，但不要松得过量，以免螺钉脱落丢失。

⑥用完带深度尺的游标卡尺后，要把测量爪合拢，否则较细的深度尺露在外边，容易变形甚至折断。

四、外径千分尺

1. 外径千分尺的结构及种类

外径千分尺
的使用

外径千分尺是一种精密量具，它的测量精度比游标卡尺高。外径千分尺主要由尺架、砧座、测微螺杆、固定套管、活动套管、微调和偏心锁紧手柄等组成，如图 1-3-10 所示。

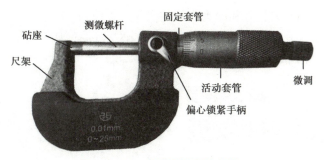

图 1-3-10　外径千分尺的结构

外径千分尺按测量范围分为 0~25 mm、25~50 mm、50~75 mm、75~100 mm 等规格，如图 1-3-11 所示的外径千分尺规格为 0~25 mm、25~50 mm 和 50~75 mm。

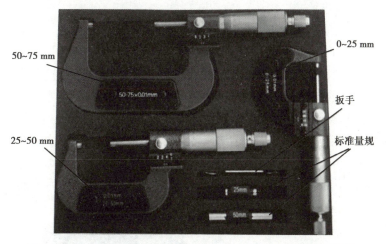

图 1-3-11　0~25 mm、25~50 mm 和 50~75 mm 的外径千分尺

2. 外径千分尺的原理及读数

（1）外径千分尺的原理

外径千分尺测微螺杆的螺距为 0.50 mm，活动套管上共刻有 50 条刻线，测微螺杆与活动套管连在一起，如图 1-3-12 所示。当活动套管转 50 格（1 周）时，测微螺杆转 1 周并移动 0.50 mm。当活动套管转 1 格时，测微螺杆移动 0.50 mm/50=0.01 mm。外径千分尺可准确到 0.01 mm，由于能再估读一位，因此可读到毫米的千分位。

图 1-3-12　外径千分尺的原理

（2）外径千分尺的读数

①读出活动套管边缘在固定套管上的毫米数和半毫米数。

②根据活动套管上与固定套管上的基准线对齐的刻度，读出活动套管上不足半毫米的数值。

③将两个读数加起来，其和即为测得的实际尺寸值。

如图1-3-13（a）所示外径千分尺的读数为5.28 mm；如图1-3-13（b）所示外径千分尺的读数为5.61 mm。

（a）读数为5.28 mm   （b）读数为5.61 mm

图1-3-13　外径千分尺的读数

3. 外径千分尺的使用

外径千分尺的使用步骤如下（以不估读为例）：

①清洁待测工件。

②根据待测工件的尺寸选用相应规格的外径千分尺，并清洁和检查选用的千分尺。

③外径千分尺零点校正。清理外径千分尺测定面，将标准量规（0~25 mm无标准量规）夹在砧座和测微螺杆之间，慢慢转动微调，当微调发出2~3次"咔咔"声后，即能产生正确的测定压力。此时，活动套管前端面应在固定套管的"0"刻线位置，且活动套管上的"0"刻线要与固定套管的基准线对齐，如图1-3-14所示。若两者中有一个"0"刻线不能对齐，则该外径千分尺有误差，应检查调整后才能继续测量。

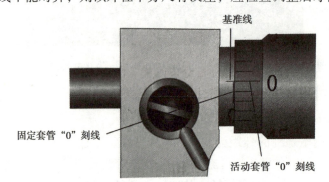

图1-3-14　外径千分尺的零点校正

④用外径千分尺测量工件。

⑤读出外径千分尺的读数。

⑥清洁外径千分尺，放进包装盒。

五、百分表

1. 百分表的结构与类型

百分表分为内径百分表和外径百分表两类。如图1-3-15所示为外径百分表的结构，它主要由表盘、表圈、挡帽、转数指示盘、主指针、小指针、轴管、测量头和测量杆等组成。百分表是一种精度较高的比较量具，它只能测出相对数值，不能测出绝对值。

它主要用于检验机床精度和测量工件的尺寸、形状和位置误差等。

百分表的测量范围是指测量杆的最大移动量，一般为 0~3 mm、0~5 mm、0~10 mm、0~20 mm、0~30 mm 和 0~50 mm。如图 1-3-16 所示为一个 0~30 mm 的外径百分表。

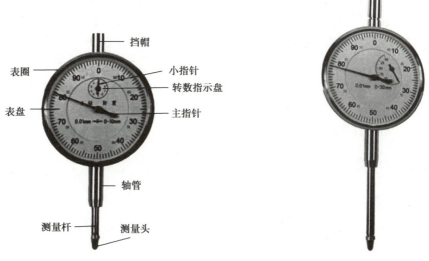

图 1-3-15　外径百分表的结构

图 1-3-16　0~30 mm 的外径百分表

2. 百分表的工作原理

百分表表盘刻度如图 1-3-17 所示，当测量头每移动 1.0 mm 时，主指针偏转 1 周，小指针偏转 1 格。百分表表盘 1 周分为 100 格，即主指针偏转 1 格相当于测量头移动 0.01 mm，小指针偏转 1 格相当于 1 mm。

3. 百分表的使用

百分表又称磁性表座，要安装在支座上才能使用，如图 1-3-18 所示。支座内部设有磁铁，旋转支座上的旋钮使表座吸附在工具台上。

百分表的使用步骤：

图 1-3-17　百分表表盘的刻度

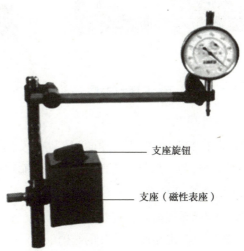

图 1-3-18　磁性表座安装百分表

①清洁待测工件并安装好。

②清洁、检查百分表及磁性表座。

③安装磁性表座。

④将百分表安装到磁性表座上。

⑤百分表校对零位。百分表预压缩量为 2.0 mm 左右，旋转表圈，使表盘"0"对准主指针，然后锁紧调整螺母。

⑥用百分表测量工件。

⑦读取数据。测量时，应记住主指针和小指针的起始值，待测量后所测取值要减去起始值。可以估读，应估读到千分位。

⑧拆分、清洁百分表及磁性表座。

六、万能角度尺

1. 万能角度尺的结构及种类

万能角度尺是用来测量工件内外角度的量具。它由主尺、游标、扇形板、直尺、支架和90°角尺等组成，如图1-3-17所示。

万能角度尺按游标的分度值分为 2′ 和 5′ 两种。如图1-3-19所示为 2′ 的万能角度尺，其测量范围为 0°~320°。

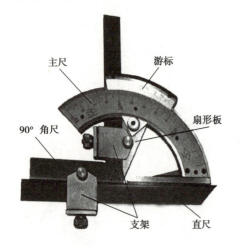

| 图1-3-19　万能角度尺的结构图 | 图1-3-20　万能角度尺的刻线原理 |

2. 万能角度尺的刻线原理

如图1-3-20所示的万能角度尺，主尺刻线每格1°，游标每格刻线的角度是58′，游标每格与主尺每格相差2′，即万能角度尺的分度值为2′。

3. 万能角度尺的读数方法

①读出游标零线前的整度数。

②从游标上读出角度"分"的数值。

③把整度数和"分"数值相加，即为被测工件的角度数值。

4.万能角度尺的使用

万能角度尺的 90° 角尺和直尺可以移动和拆换，它可以测量 0°~320° 的任何角度，如图 1-3-21 所示。

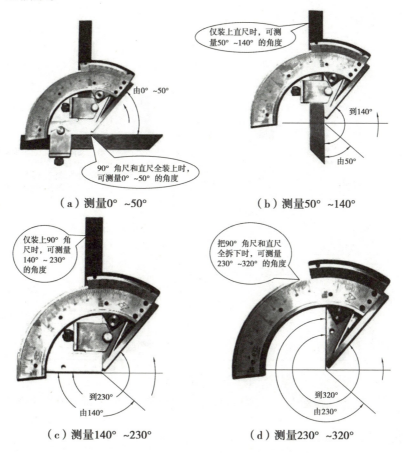

（a）测量0°~50°　　　　　　　（b）测量50°~140°

（c）测量140°~230°　　　　　　（d）测量230°~320°

图 1-3-21　万能角度尺的使用

万能角度尺主尺上的刻线只有 0°~90°，当测量大于 90° 的角度时，读数应加上一个数值 90°；测量大于 180° 的角度时，应加上 180°；测量大于 270 的角度时，应加上 270°。

使用完毕后，要及时将各处清理干净，涂油后存放在专用包装盒中，要保持干燥，以免生锈。

七、塞尺

塞尺是用来检验结合面之间间隙大小的片状量规。塞尺长度有 50、100、200 mm 3 种，由若干片厚度为 0.02~1 mm（中间每片相隔 0.01 mm）或厚度为 0.1~1 mm（中间每片相隔 0.05 mm）的金属薄片组为一套（组），叠合在夹板里，如图 1-3-22 所示。

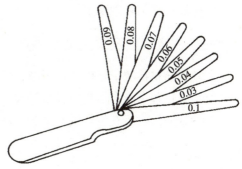

图 1-3-22　塞尺

◆**任务实施**

一、任务准备

①分析凸件图纸，如图 1-3-23 所示，明确测量内容。

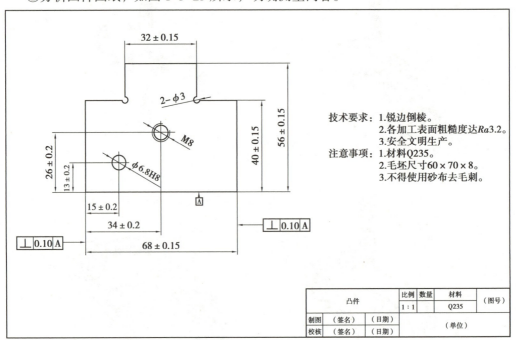

图 1-3-23 凸件图纸

②准备工量具。将游标卡尺、刀口角度尺、外径千分尺等量具有序摆放整齐。

二、技能训练步骤

①按图纸要求，用外径千分尺测量外形尺寸，如 68 mm ± 0.15 mm、56 mm ± 0.15 mm、40 mm ± 0.15 mm、32 mm ± 0.15 mm 等尺寸。

②按图纸要求，用游标卡尺测量孔与螺纹的孔距，如 13 mm ± 0.2 mm、15 mm ± 0.2 mm、26 mm ± 0.2 mm、34 mm ± 0.2 mm 等尺寸。

③按图纸要求，用万能角度尺测量垂直度。

④按照检查结果判断零件是否合格。

三、注意事项及安全文明生产

①检查前将待测量零件清扫干净，各类量具按要求进行校正。

②检查过程中所有量具要轻拿轻放，摆放整齐，养成良好的习惯。

③检查完后对所有量具进行维护，做好保养。

◆**任务检测**

检测项目及评分标准

班级：   姓名：   成绩：

序号	质量检查内容	配分/分	评分标准	检测记录	得分/分
1	68 mm ± 0.15 mm	10	是否按要求使用外径千分尺检测		
2	56 mm ± 0.15 mm	10	是否按要求使用外径千分尺检测		
3	40 mm ± 0.15 mm	10	是否按要求使用外径千分尺检测		
4	32 mm ± 0.15 mm	10	是否按要求使用外径千分尺检测		
5	13 mm ± 0.2 mm	10	是否按要求使用游标卡尺检测		
6	15 mm ± 0.2 mm	10	是否按要求使用游标卡尺检测		
7	26 mm ± 0.2 mm	10	是否按要求使用游标卡尺检测		
8	34 mm ± 0.2 mm	10	是否按要求使用游标卡尺检测		
9	垂直度 0.1 mm	10	是否按要求使用万能角度尺检测		
10	安全文明生产	10	是否出现重大安全事故		
总分		100	合计		

学习拓展

为了确保零件和产品的质量，必须用量具来测量、检验零件及产品尺寸和形状的精确度，钳工常用量具的选择和测量显得非常重要。在学习常用量具后，希望同学们一定要轻拿轻放，摆放整齐，做好维护保养，养成良好的行为习惯，发扬工匠精神，为我国的工业发展作出应有的贡献。

习　题

一、填空题

1. 钳工的基本操作内容主要包括_____、锯削、_____、孔加工和_____ _____等。

2. 钳工场地设备布局要_____，并经常保持_____。

3. 钳工的常用设备有钳台、_____、砂轮机和_____等。

4. 为了使操作者有合适的工作高度和位置，要求钳桌桌面到地面的高度为_____ _____mm。

5. 虎钳的规格用钳口的_____来表示，常用的台虎钳有_____、_____、_____ _____mm 3 种。

6. 砂轮机主要由砂轮、电动机_____、_____和砂轮机座等组成。

7. 游标卡尺的读数是将_____的读数和_____的读数读出，然后_____

_____即为测得工件的尺寸数值。

8. 外径千分尺按测量范围分，有 0~25 mm、_____mm、50~75 mm、_____mm
等多种规格。

9. 百分表分为_____和_____两类。

10. 万能角度尺按游标的分度值分为_____和_____两种。

二、选择题

1. 下列设备不属于钳工常用设备的是（　　　）。
   A. 车床　　　　　　B. 钳台　　　　　　C. 台虎钳　　　　　　D. 砂轮机

2. 用于加工小型工件的各种小孔选用（　　　）。
   A. 磨床　　　　　　B. 台式钻床　　　　C. 立式钻床　　　　　D. 摇臂钻床

3. 工件需钻小型孔，且加工场地无电源宜选用（　　　）。
   A. 手电钻　　　　　B. 台式钻床　　　　C. 立式钻床　　　　　D. 摇臂钻床

4. 下列工具中，属于简单量具的是（　　　）。
   A. 钻床　　　　　　B. 砂轮机　　　　　C. 千分尺　　　　　　D. 台虎钳

5. 钢直尺可用来测量工件的长度、宽度、高度、深度及（　　　）。
   A. 测量直线度　　　B. 测量角度　　　　C. 画圆　　　　　　　D. 划直线

6. 游标卡尺的外测量爪用来测量（　　　）。
   A. 内径　　　　　　B. 外径　　　　　　C. 深度　　　　　　　D. 槽宽

7. 万能角度尺主尺上的刻线只有 0°~90°，当测量大于 90° 的角度时，读数应加上
一个数值（　　　）。
   A. 90°　　　　　　B. 180°　　　　　　C. 270°　　　　　　　D. 0°

三、判断题

1. 钳工作业工作前按要求穿戴好防护用品。　　　　　　　　　　　　　　（　　　）

2. 钳台台面高度没有要求。　　　　　　　　　　　　　　　　　　　　　（　　　）

3. 台虎钳安装后，钳工的高度与一般操作者的手肘平齐。　　　　　　　　（　　　）

4. 砂轮机的旋转方向正确时，磨屑向上飞离砂轮。　　　　　　　　　　　（　　　）

5. 使用游标卡尺测量前要将卡尺的测量面用软布擦干净，卡尺的两个量爪合拢，
应不透光。量爪合拢后，游标零线应与尺身零线对齐。　　　　　　　　　（　　　）

6. 当工作需要时，可以把游标卡尺的两个量爪当作扳手或划线工具使用。（　　　）

7. 钻孔时，产生的长铁屑，用手弄断。　　　　　　　　　　　　　　　　（　　　）

8. 外径千分尺的测量精度比游标卡尺高。　　　　　　　　　　　　　　　（　　　）

9. 百分表使用过程中可以不预压缩。　　　　　　　　　　　　　　　　　（　　　）

10. 万能角度尺的测量范围是 0°~360°。　　　　　　　　　　　　　　　（　　　）

项目二
零件划线

◆ 项目概述

　　划线是指根据图样要求或实物尺寸,在毛坯或半成品上用划线工具准确地划出图形或加工界线的操作工艺。划线是钳工的一项重要的基本技能,是钳工加工和复杂工件切削加工的第一道工序,分为平面划线和立体划线两大类。本项目共分为 3 个任务:任务一是认识划线;任务二是平面划线;任务三是立体划线。通过任务的学习,让同学们认识划线的作用,学会平面划线和立体划线。

◆ 项目目标

【知识目标】

1. 能讲出常用划线工具的名称。

2. 能讲出划线操作时要注意的安全事项。

3. 能说出平面划线与立体划线的区别。

【能力目标】

1. 能根据要求划出零件平面图形。

2. 能根据要求划出零件立体图形。

【素养目标】

1. 培养学生一丝不苟的工匠精神。

2. 培养学生厉行节约和团结协作的意识。

任务一　认识划线

认识划线

◆ **任务描述**

同学们通过几何学的方法可以在纸上画出各种图形，也可以在金属表面上画出各种图形。本任务就是让同学们清楚划线的作用和基本要求，认识划线的工具并学会正确的使用方法。

◆ **知识准备**

一、划线的概念

划线是指根据图样要求或实物尺寸，在毛坯或半成品上用划线工具准确地划出图形或加工界线的操作工艺，如图 2-1-1 所示。划线是钳工的一项重要基本技能，是钳工加工和复杂工件切削加工的第一道工序，为了提高生产效率，防止在加工时引起尺寸差错，需要通过划线来明确加工标志。划线分为平面划线和立体划线两大类。

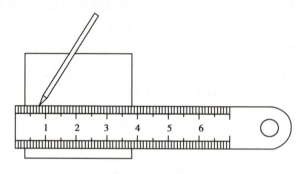

图 2-1-1　划线

二、划线的要求

划线是一种复杂而细致的工作，划线前要看清图纸，了解零件的用途以及与其他配合零件的关系，分析零件的加工程序和加工方法，从而确定需要在工件表面上划出哪些轮廓或哪些点、线。

划线的基本要求是线条清晰均匀，定形、定位尺寸准确，一般要求划线精度达到 0.25~0.5 mm。在立体划线中应注意使长、宽、高 3 个方向的线条互相垂直。应当注意，工件的加工精度（尺寸、形状精度）不能完全由划线确定，应该在加工过程中通过测量来保证。

三、划线的作用

划线的作用主要是确定工件加工位置和加工余量，可全面检查毛坯的形状和尺寸是否符合图样，能否满足加工要求。当坯料出现缺陷的情况下，通过划线时的"借料"方法来达到最大可能的补救。划线尺寸的准确程度，直接影响零件的加工质量。

划线的作用主要有以下几点：

①确定工件的加工余量，使加工有明显的尺寸界限。

②在机床上装夹复杂工件时，可按划线找到正确定位。

③能及时发现和处理不合格的毛坯。

④当毛坯误差不大时，可以采用借料划线的方法来补救，从而提高毛坯的合格率。

四、划线的工具及其使用方法

1. 主要工具

（1）划针

划针是工件表面划线用的工具。常用的划针由工具钢或弹簧钢制成（有的划针在其尖端部位焊有硬质合金），直径为 3~6 mm。使用划针时，划针要向外倾斜 15°~20°，同时向划线方向倾斜 45°~75°，以减小划线误差。用划针时，划针要紧贴导向工具（钢直尺、样板的曲边），并向钢直尺外边倾斜，在划线进行中划针朝移动方向倾斜，如图 2-1-2 所示。

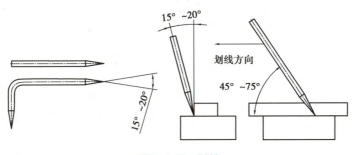

图 2-1-2 划针

（2）划规

划规（图 2-1-3）是划圆或弧线、等分线段及量取尺寸等用的工具，其用法与制图用的圆规相似。划线时，最好将圆心用样冲冲眼，使划线稳定，以减小误差。使用划规划圆时，掌心用较大的力，压在作为旋转中心的一脚上，使划规的尖扎入金属表面或样冲眼内，另一脚以较轻的力压在工件上，由顺时针和逆时针划出圆或圆弧，划规的脚应保持尖锐，以保证划出的线条清晰。

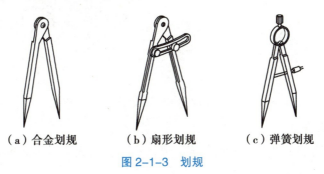

（a）合金划规　　　（b）扇形划规　　　（c）弹簧划规

图 2-1-3 划规

（3）样冲

样冲是用于工件划线点上打样冲眼，以备所划线条模糊时仍能找到原划线的位置。样冲是由碳素工具钢制成（可用旧的丝锥、铣刀和铰刀等改制而成），其尖部和锤击端经过硬化。在划圆和钻孔前应在其中心打出样冲眼，以便定心，如图2-1-4所示。使用样冲冲眼时，先将样冲斜放在需要冲眼的部位，然后将样冲逐渐处于垂直位置，使冲尖落在冲眼的正确位置后，用榔头（划线锤）锤击样冲，冲出样冲眼。

图2-1-4 样冲

（4）榔头和划线锤

榔头（图2-1-5）主要用于锤击或借助工具锤击加工使用。而划线锤（图2-1-6）是用在工件所划条上打样冲眼、打钻孔中心眼。

图2-1-5 榔头   图2-1-6 划线锤

（5）划针盘

划针盘主要用于立体划线和校正工件的位置。它主要由底座、立杆、划针和锁紧装置组成，如图2-1-7所示。

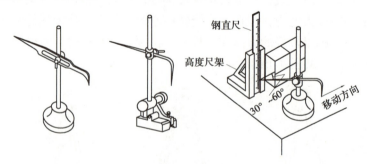

图2-1-7 划针盘

（6）划线平板

划线平板是基准工具，由铸铁制成，光滑、平整的表面是划线的基准平面，要求非常平整和光洁，如图2-1-8所示。

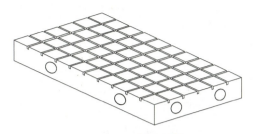

图 2-1-8　划线平板

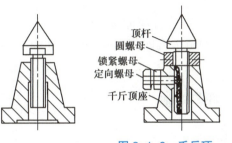

顶杆
圆螺母
锁紧螺母
定向螺母
千斤顶座

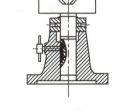

图 2-1-9　千斤顶

（7）千斤顶

千斤顶是用于在平板上支承体积较大及形状不规则的工件，其高度可以调整。通常用 3 个千斤顶支承工件，如图 2-1-9 所示。

（8）V 形铁

V 形铁也称 V 形架，用于支承圆柱形工件，使工件轴线与底板平行，如图 2-1-10 所示。

（9）90°角尺

90°角尺常用的是宽座角尺，在平面划线中用来按某一基准划出它的垂直线；在立体划线中用来校正工件的某一基准面、线或线与平板表面的垂直度，如图 2-1-11 所示。

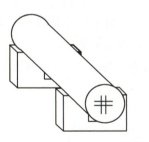
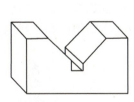

图 2-1-10　V 形架

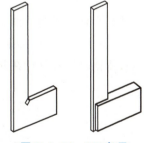

图 2-1-11　90°角尺

2. 使用方法

（1）划一条直线

在钢板中间位置划一条直线，整理钢板，将钢板除锈，边角去毛刺；用钢直尺和划针划一条直线。划线时划针紧贴钢尺用力向右移动，一次划成，不要重复，如图 2-1-12 所示。

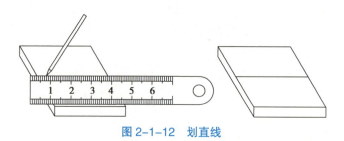

图 2-1-12 划直线

（2）在直线中点处打样冲眼

先将样冲斜放在直线的中点处，然后将样冲逐渐处于垂直位置，使冲尖落在冲眼的正确位置后，用榔头锤击样冲的锤击端即打出样冲眼，如图 2-1-13、图 2-1-14 所示。

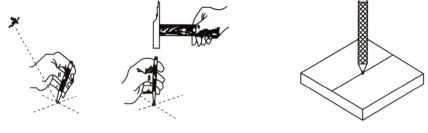

图 2-1-13 打样冲眼   图 2-1-14 样冲眼

（3）划圆

在钢板用划规划一个直径为 50 mm 的圆。划规的一尖扎入样冲眼中并用力压紧（用力稍大），另一尖要紧贴（用力稍小）钢板表面，顺时针或逆时针转动划规一圈即划出一个圆，如图 2-1-15 所示。

（4）划垂线

过圆心划一条与直线的垂线。先用样冲在圆与直线的交点处打上两个样冲眼，如图 2-1-16 所示；以样冲眼为圆心，用划规取适当的半径划两段圆弧相交，如图 2-1-17 所示；用钢直尺和划针在两交点处进行连线即得已知直线的垂线，如图 2-1-18 所示。

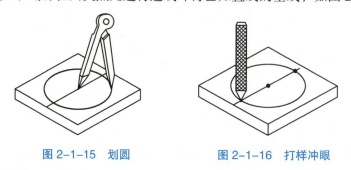

图 2-1-15 划圆   图 2-1-16 打样冲眼

（5）划平行线

用划规取两尖角的距离为 25 mm 的长度，在直线的上方和下方各划两段短圆弧，如图 2-1-19 所示。用钢直尺和划针作两圆弧的公切线（图 2-1-20），即为已知直线的平行线，如图 2-1-21 所示。

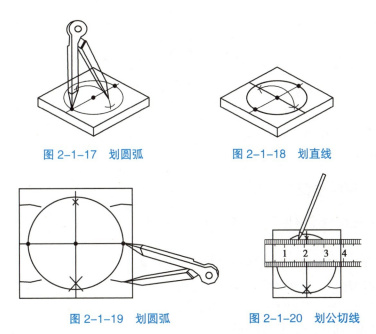

图 2-1-17 划圆弧   图 2-1-18 划直线

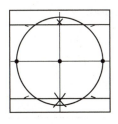 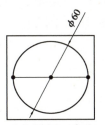

图 2-1-19 划圆弧   图 2-1-20 划公切线

（6）圆周的三等分和六等分

例如，在钢板上划一直径为 60 mm 的圆，将圆三等分或六等分。先在钢板上划出圆并按如图 2-1-22 所示在圆周打上样冲眼。

图 2-1-21 平行线   图 2-1-22 划圆弧

以两冲眼为圆心，用划规（两尖角的长度等于半径）划弧与圆周相交，如图 2-1-23 所示。在交点打上样冲眼，即可将圆周分为三等分或六等分，如图 2-1-24 所示。

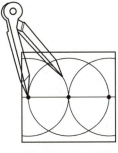 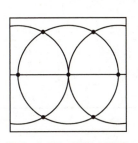

图 2-1-23 划弧   图 2-1-24 圆周六等分

◆ **任务实施**

一、任务准备

①读懂如图 2-1-25 所示图纸。

②准备划线工具。钢直尺、划针、划规、样冲、榔头、边长为 300 mm×400 mm 的白铁皮及着色剂等。

二、技能训练步骤

①检查毛坯材料（钢板），正确安放工具和工件。

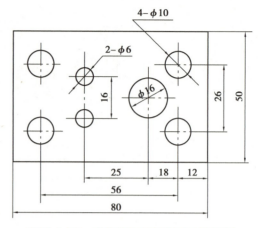

图 2-1-25　薄钢板平面划线加工零件图

②看懂图纸，根据图样轮廓线合理安排图形位置。

③合理选用涂料，并在划线表面均匀涂抹。

④正确选定每个图形划线基准，按几何作图步骤划线。

⑤检查全部图形尺寸，打样冲眼。

三、注意事项及安全文明生产

①注意清理毛坯、去毛刺，防止划伤手指。

②为熟悉各图形的作图方法，可在纸上先做一次练习。

◆ **任务检测**

检测项目及评分标准

班级：　　　　　　　　　　姓名：　　　　　　　　　　成绩：

序号	质量检查内容	配分/分	评分标准	检测记录	得分/分
1	图形正确，分布合理	20	每错一处扣 2 分		
2	尺寸公差 ±0.2 mm	30	一处超差扣 1 分		
3	样冲眼准确、分布合理	15	冲偏一处扣 1 分，一处分布不合理扣 1 分		
4	线条清晰无重复	15	一处线条重复或模糊扣 1 分		
5	使用工具、操作姿势正确	10	发现一次不正确扣 1 分		
6	安全文明操作	10	根据安全文明操作酌情打分		
	总分	100	合计		

学习拓展

划线尺寸的准确程度直接影响零件的加工质量。同学们一定要仔细读懂图纸，按照图纸要求，以耐心细致、一丝不苟的工匠精神，准确无误地完成任务。

任务二　平面划线

◆任务描述

钳工车间张师傅接到技术主管安排制作一块样板（图 2-2-1）的任务。按照图纸要求，张师傅分析了加工工艺及操作安全注意事项后，把划线的工作交给在车间实习的王同学来完成。在张师傅的指导下，王同学认真学习了平面划线的相关知识、操作技能及安全相关知识，拟订了划线工序，做好划线准备，完成了样板的划线任务。

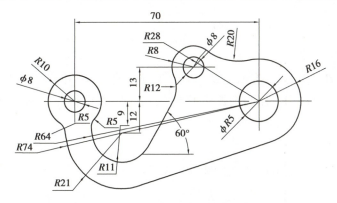

图 2-2-1　零件图（在钢板上划线）

◆知识准备

平面划线只需在工件的一个表面上划线后即能明确表示加工界线。例如，在板形材料、条形材料表面上划线或在法兰盘端面上划线等都是平面划线。所划线条本身有一定的宽度等原因，一般划线精度能达到 0.25~0.5 mm。

一、基本线条的绘制步骤

1. 绘制平行线

用钢直尺与划规配合划平行线（保留辅助线）：划已知直线 AB 的平行线时，分别以 A、B 点为圆心，大于 AB 的一半为半径，在直线 AB 上下两端划圆弧 R_1、R_2 相交于 C、D 两点，过 CD 作直线，即可垂直平分 AB，如图 2-2-2 所示。

2. 绘制垂直平分线

用钢直尺与划规配合划垂直平行线（保留辅助线）：划已知直线的垂直平分线时，以 A 点为圆心，大于 AB 的一半为半径在直线 AB 上下两端划圆弧 R_1、R_2 相交于 C、D。过 CD 作直线，即可垂直平分 AB，如图 2-2-3 所示。

3. 绘制角平分线

取任意角 α 进行角平分。以 A 为圆心任取 R_1 为半径，在 AB、AC 边上划弧交 B、C 两点，再分别以 B、C 两点为圆心，R_2 为半径划弧交于 D 点，作 A 与 D 的连线，即线段 AD 平分了 $\angle\alpha$，如图 2-2-4 所示。

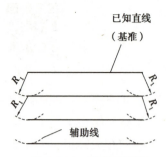
图 2-2-2　绘制平行线

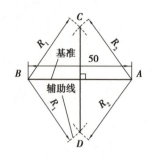
图 2-2-3　绘制垂直平分线

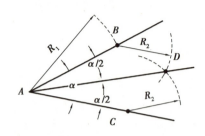
图 2-2-4　绘制角平分线

4. 绘制特殊角 30°、60°、45°

（1）30°、60°角的划法

已知直线 AB，作 $\angle A=60°$，$\angle B=30°$。先划出直线 AB 中点 O，以 OA（R_1）为半径，O、A 点分别为圆心，作两圆弧交于点 C，连接 AC 即得 $\angle A=60°$；连接 BC，即得 $\angle B=30°$，如图 2-2-5 所示。

（2）45°角的划法

可将 90°角平分即为 45°角，如图 2-2-6 所示。

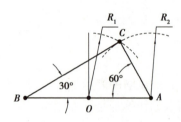
图 2-2-5　60°角的划法

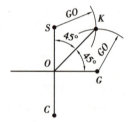
图 2-2-6　45°角的划法

5. 圆周的三等分

作已知直径为 $\phi 50$ 圆的三等分：以 C 点为圆心，CO 为半径作圆弧，交于圆弧 $ABCD$ 于 E、F 点，然后直线连接 A、F、E 三点，即为圆周三等分，如图 2-2-7 所示。

6. 圆周的六等分

作已知直径为 $\phi 50$ 圆的六等分：分别以 C、A 点为圆心，OC 或 OA 为半径作圆弧，交于圆上 E、F、H、T 点，然后直线连接 A、H、E、C、F、T 六点，即为圆周六等分，如图 2-2-8 所示。

7. 圆周的四等分

作已知直径为 $\phi 50$ 圆的四等分。作已知圆 $\phi 50$ 交坐标轴 A、B、C、D 四点，以 A、B 点为圆心，大于 AO 为半径划弧交于 E 点；以 B、C 为圆心，大于 BO 为半径划弧交于下点；作圆心 O 和 E、F 的连线并延长，分别交圆弧 $ABCD$ 于 1、2、3、4 四点，分别连接 1、2、3、4 点，即四等分圆周完成，如图 2-2-9 所示。

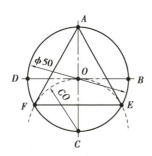

图 2-2-7 圆周的三等分

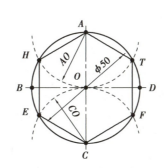

图 2-2-8 圆周的六等分

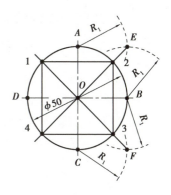

图 2-2-9 圆周的四等分

8. 圆周的八等分

作已知圆 $\phi 50$ 交坐标轴 A、B、C、D 四点，以 A、D、C 三点为圆心，大于 AO 为半径划弧分别交于 E、F 点，作圆心 O 和 E、F 的连线并延长，分别交圆弧 $ABCD$ 于 1、2、3、4 四点，分别连接 A、1、D、4、C、3、B、2 点，即八等分圆周完成，如图 2-2-10 所示。

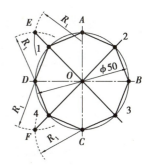

图 2-2-10 圆周的八等分

9. 圆周的五等分

作已知圆 $\phi 50$ 交坐标轴 A、B、C、D 四点，以 D 点为圆心，DO 长为半径划弧交于 E、F 点，作 EF 的连线交 BD（X 轴）于 H 点，再以 H 点为圆心，HA 为半径划弧交于 BO（X 轴）于 N 点，再以 A 点为圆心，AN 长为半径划弧交圆于 1、4 点，即 $A1$ 为五边形的边长，如图 2-2-11 所示。

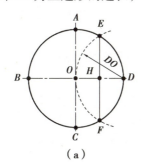

（a）

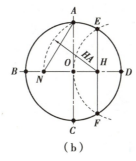

（b）

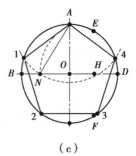

（c）

图 2-2-11 圆周的五等分

10. 等分线段法

常利用试分法：取线段 AB 并七等分，以 A 点为圆心，作任意角 $A \angle a$ 的线段长 L（任意），再将 AL 长线段取任意长（K）为单位分成 1、2、3、4、5、6、7 七个单位并使每个单位 K 相等，再以直线连接 7、B 两点，然后作 $7B$ 的平行线交于 6、5、4、3、2、1 这六个点，同时平分 AB 轴为 1′ 2′ 3′ 4′ 5′ 6′ 7′（B）七等分，如图 2-2-12 所示。

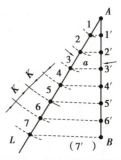

图 2-2-12 等分线段法

二、几何作图的绘制步骤

1. 两直线间的圆弧连接

两直线间的圆弧连接有锐角、直角、钝角 3 种形式（图 2-2-13），作图步骤如下：

①作与已知角两边 AB、BC 分别相距为 R 的平行线，交点 O 即为连接弧圆心。

②过 O 点分别向 AB、BC 两边作垂直线，垂足 K_1、K_2 即为切点。

③以 O 为圆心，R 为半径在两切点 K_1、K_2 之间划连接圆弧即为所求。

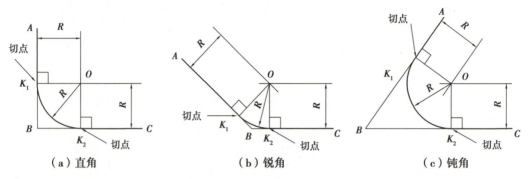

图 2-2-13　两直线间的圆弧连接

2. 直线和圆弧间的圆弧连接

直线和圆弧间的圆弧连接分为外切和内切两种形式，如图 2-2-14 所示，已知的连接圆弧半径为 R，与直线 AB 和 O_1 圆弧外切或内切，作图步骤如下：

①作与直线 AB 相距 R 的平行线 L；以 O_1 为圆心，$R+R_1$（外切）或 $R-R_1$（内切）为半径划弧交 L 线段于 O 点，即为连接弧圆心。

②过 O 点作直线 AB 的垂直线交于 K_2，同时连接 O_1、O 点（内切时连接 O_1、O 点并延长）交于 O_1 圆弧于 K_1 点，则 K_1、K_2 即为切点。

③以 O 为圆心，R 为半径在两切点 K_1、K_2 之间划连接弧即为所求圆弧。

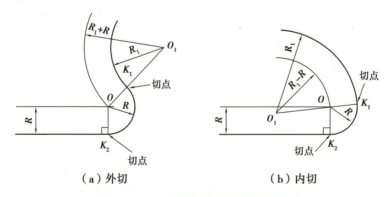

图 2-2-14　直线和圆弧间的圆弧连接

3. 两圆弧间的圆弧连接

（1）外切

外切圆弧连接 [图 2-2-15（a）]，其作图步骤如下：

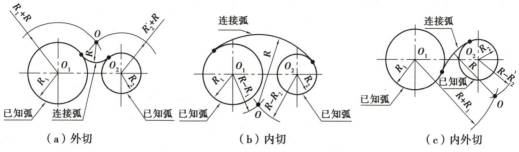

（a）外切　　　　　　　　（b）内切　　　　　　　（c）内外切

图 2-2-15　两圆弧间的圆弧连接

①已知的连接圆弧半径 R 划弧，与圆 O_1 和 O_2 外切。

②以 O_1 为圆心，$R+R_1$ 为半径划弧；再以 O_2 为圆心，$R+R_2$ 为半径划弧；两条圆弧交于点 O，即连接弧 R 的圆心。

③用直线连接圆心 O_1、O 点交于 O_1 圆弧上，即为第一个切点；用直线连接圆心 O_2、O 点交于 O_2 圆弧上，即为第二个切点。

④以 O 为圆心，R 为半径，在两切点之间划连接弧即为所求。

（2）内切

内切圆弧连接［图 2-2-15（b）］，其作图步骤如下：

①已知的连接圆弧半径 R 划弧，与圆 O_1 和 O_2 内切。

②以 O_1 为圆心，$R-R_1$ 为半径划弧；再以 O_2 为圆心，$R-R_2$ 为半径划弧；两条圆弧交于点 O，即连接弧 R 的圆心。

③用直线连接圆心 O_1、O 点交于 O_1 圆弧上，即为第一个切点；用直线连接圆心 O_2、O 点交于 O_2 圆弧上，即为第二个切点。

④以 O 为圆心，R 为半径，在两切点之间划连接弧即为所求。

（3）内外切

内外切圆弧连接［图 2-2-15（c）］，其作图步骤如下：

①已知的连接圆弧半径 R 划弧，与圆 O_1 和 O_2 外切及内切。

②以 O_1 为圆心，$R+R_1$ 为半径划弧；再以 O_2 为圆心，$R-R_2$ 为半径划弧；两条圆弧交于点 O，即连接弧 R 的圆心。

③用直线连接圆心 O_1、O 点交于 O_1 圆弧上，即为第一个切点；用直线连接圆心 O_2、O 点交于 O_2 圆弧上，即为第二个切点。

④以 O 为圆心，R 为半径，在两切点之间划连接弧即为所求。

◆ 任务实施

一、任务准备

①分析图纸。认真读懂任务图（图 2-2-16），拟订划线工序，划出图形。

②准备工量具。将钢直尺、高度游标卡尺、划规、样冲、边长为 300 mm × 400 mm 的白铁皮、榔头等划线工量具有序摆放整齐。

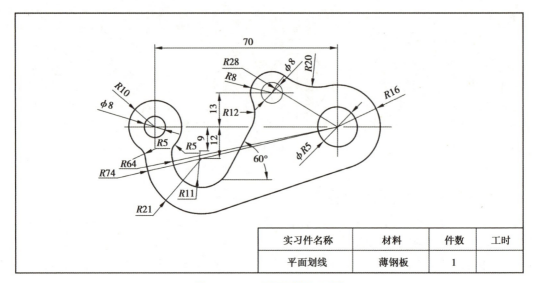

实习件名称	材料	件数	工时
平面划线	薄钢板	1	

图 2-2-16　平面划线实习图

二、技能训练步骤

①确定划线基准，打样冲眼。

②按图纸要求，先划容易的，再划较难的，划出直线、角度线、圆、圆弧线、直线和圆弧相切、圆弧和圆弧相切等。

③划完后进行检查，是否有多划或者漏划。

④按照要求进行冲眼。

三、注意事项及安全文明生产

①保证划规两脚等长，脚尖能合拢，松紧适当和脚尖锋利。

②打样冲眼的位置要正确，样冲眼大小一样，深浅一致，均匀分布，交点正中，齐线打中。

③直线上冲眼之间的距离要大一些，弧线上冲眼之间的距离要小一些，圆心和线条的交点处必须冲眼。

④在毛坯表面上冲眼要深，金属薄板上冲眼要浅，精加工过的表面和软材料上不许冲眼。

⑤划规、划针及榔头要使用恰当，防止伤人。

⑥使用砂轮机时，要严格按照砂轮机的使用规则进行使用。

◆**任务检测**

检测项目及评分标准

班级：　　　　　　　　姓名：　　　　　　　　成绩：

序号	质量检查内容	配分 / 分	评分标准	检测记录	得分 / 分
1	图形正确，分布合理	20	每错一处扣 2 分		
2	尺寸公差 ±0.3 mm	30	一处超差扣 1 分		
3	样冲眼准确，分布合理	10	冲偏一处扣 1 分，一处分布不合理扣 1 分		
4	线条清晰，无重复	10	一处线条重复或模糊扣 1 分		
5	使用工具，操作姿势正确	10	发现一次不正确扣 1 分		
6	圆弧与直线、圆弧与圆弧连接圆滑	10	一处连接不好扣 1 分		
7	安全文明生产	10	工具的使用和操作姿势不正确扣 1~5 分，出现重大安全事故扣 5~10 分		
	总分	100	合计		

学习拓展

划线的作用主要是确定工件加工位置和加工余量，可全面检查毛坯的形状和尺寸是否符合图样，能否满足加工要求。在坯料出现缺陷的情况下，可以通过划线时"借料"的方法来达到最大可能的补救，达到节约原材料的目的。厉行勤俭节约，能为企业减少不小的损失，少则成千上万，多则不可估量！希望同学们秉持"一粥一饭当思来之不易"之心，厉行节约！

任务三　立体划线

立体划线

◆**任务描述**

钳工车间收到 50 件轴承座的划线任务，钳工车间划线班班长安排王师傅指导在车间实习的 4 名同学来完成。在王师傅的悉心指导下，4 名同学仔细研读图纸（图 2-3-1）、分工协作，拟订划线步骤，按照图纸要求，圆满完成了工作任务。

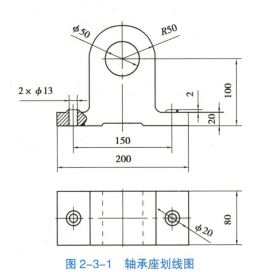

图 2-3-1 轴承座划线图

◆知识准备

一、立体划线的概念

立体划线是指在工件几个不同的表面上同时进行划线（通常是在相互垂直的表面上）。立体划线是在工件的至少两个互成不同角度（或相互垂直）的表面上划线，才能满足加工要求的一种操作方法。立体划线可以正确地找正工件在划线平板上的位置，直接关系到工件后续加工，是零件加工中的重要操作。

二、立体划线的特点

①进行立体划线的工件各表面之间通常有一定的相互位置要求。如图 2-3-2 所示为支架，支架的要求是两中心孔在同一轴线上且与底面平行，这两个孔的轴线必须在工件一次安装后划线。如图 2-3-3 所示为接头工件，要求是 C 面和 D 面在同一平面内且与孔的轴线平行。为保证接头各面、线相互位置的准确，C 面和 D 面以及轴线必须在工件一次性安装后完成划线。

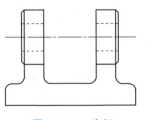

图 2-3-2 支架

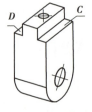

图 2-3-3 接头

②立体划线时，没有必要划出工件的全部轮廓线，可只划出要加工的界线（图 2-3-4 所示连杆）或机加工时的找正基准线（图 2-3-5 所示滑块）。

③在工件上划某项工序的加工线，是由零件加工工艺过程所规定的。进行划线前必须清楚零件的工艺过程，如工件表面上有孔，加工工序是先平面加工后再进行钻孔

加工，则应先划出平面加工界线；若孔加工线先划在要加工的表面上，当表面被加工切削后，孔加工线就不存在了。

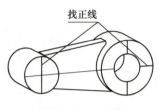

图 2-3-4 连杆

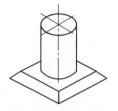

图 2-3-5 滑块

④立体划线是在划线平板上进行划线，用划针盘或高度划线尺等工具进行划线，零件上所有与平板平行的尺寸要换算为平板表面到划针尖的高度尺寸，如图 2-3-6 所示。在划线过程中，如果工件发生位移或划针松动等，都会产生划线误差或尺寸错误。

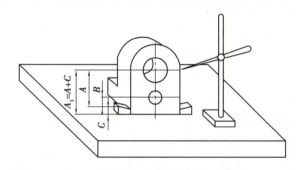

图 2-3-6 立体划线

⑤工件在长、宽、高三个方向均有尺寸要求时，在划完一个方向的尺寸后，将工件翻转 90° 时，须用角尺按已划出的直线找正工件一方向的正确位置，同时调整千斤顶或楔铁找正工件在另一个方向的位置。当工件在上述两个方向尺寸位置划线完后，将工件再翻转 90° 时，须用角尺在两个方向上按已划出的线找正工件。

◆ **任务实施**

一、任务准备

①分析图纸。如图 2-3-7 所示，需要加工的部位有底面、轴承内孔、两侧大端面、两个螺栓孔及其上表面。需要划线的部位共有 3 个方向，工件需要 3 次安放才能划完全部线条。对轴承座毛坯已经铸有的直径为 50 mm 毛坯孔，需要事先安好塞块并做好其他划线准备。

②准备工量具。将钢直尺、划针盘、划规、样冲、榔头、千斤顶等划线工量具有序摆放整齐。

二、划线步骤

①用 3 个千斤顶支承轴承座底面，经过调整使轴承内孔的两端孔中心在同一高度后，划基准 I—I 和底面加工线，划出两个螺栓孔上平面加工线，如图 2-3-7 所示。

②将工件翻转90°用千斤顶支承，经调整使轴承内孔的两端中心处于同一高度，同时用90°角尺按已经划好的底面加工线找正垂直度，划出两个螺栓孔的中心线和Ⅱ—Ⅱ—Ⅱ线，如图2-3-8所示。

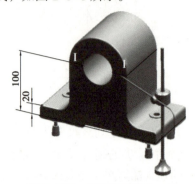

图2-3-7　划出加工线（一）

图2-3-8　划出加工线（二）

③将工件翻转到一定的位置，通过找正使底面加工线和Ⅱ—Ⅱ基准线处于铅垂位置。试划出两大端面的加工线。若两大端面的加工余量相差太多，则可通过两个螺栓孔中心线来借料，合适后划出基准线Ⅲ—Ⅲ和两大端面的加工线，然后划出轴承孔和两个螺纹孔的圆周线，如图2-3-9所示。

④检查是否有错划、漏划。确定无误后，在所划线上冲样冲眼（冲眼时，根据该零件表面的要求，用力要适当），划线工作结束，如图2-3-10所示。

图2-3-9　划出加工线（三）

图2-3-10　划出加工线（四）

三、注意事项及安全文明生产

①工件要顶稳或用方箱稳定，打样冲眼时，工件要放平，用力适当。
②加工余量要根据工件毛坯情况合理分配。
③不得用高度油标尺代替划针盘。
④翻转轴承座时，小组协作配合完成，注意安全。

◆**任务检测**

检测项目及评分标准

班级：　　　　　　　　姓名：　　　　　　　　成绩：

序号	质量检查内容	配分 / 分	评分标准	检测记录	得分 / 分
1	底面加工线　±0.5 mm	10	一处超差扣 2 分		
2	螺栓孔上平面加工线　±0.5 mm	8	一处超差扣 2 分		
3	基准Ⅰ—Ⅰ　±0.5 mm	10	一处超差扣 2 分		
4	Ⅱ—Ⅱ—Ⅱ线　±0.5 mm	10	一处超差扣 2 分		
5	两个螺栓孔的中心线　±0.5 mm	10	一处超差扣 2 分		
6	两大端面的加工线　±0.5 mm	10	一处超差扣 2 分		
7	两个螺纹孔圆周线　±0.5 mm	6	一处超差扣 2 分		
8	轴承孔圆周线	6	一处超差扣 2 分		
9	打样冲眼准确，分布合理	10	冲偏一处扣 1 分，一处分布不合理扣 1 分		
10	线条清晰，无重复	10	一处线条重复或模糊扣 1 分		
11	安全文明	10	出现违规操作根据操作规范扣分		
	总分	100	合计		

学习拓展

　　同学们，通过对立体划线内容的学习，大家熟悉了立体划线的作用、特点及基本操作方法。由于立体划线的特殊性和复杂程度，通常需要两人及以上的团队协作来完成。所以，团队成员一要有团结协作精神；二要充分沟通、互相支持；三要仔细读懂图纸，拟订工作步骤；四要一丝不苟、分工协作，准确、规范、安全地完成任务，这也是宝贵的工匠精神的体现。

习　题

一、填空题

　　1._____是指在某些工件的毛坯或半成品上，按零件图样要求的尺寸划出加工界线或找正线的一种方法。

2. 划线分为＿＿＿＿＿和＿＿＿＿＿两种，划线精度一般为＿＿＿＿＿～＿＿＿＿＿mm。

3. ＿＿＿＿＿是在工件的一个表面上划线后即能明确标示加工界线。

4. ＿＿＿＿＿是指在工件的几个不同的表面上同时进行划线（通常是相互垂直的表面上）。

5. ＿＿＿＿＿是工件表面划线用的工具。

6. 钢直尺是一种简单的测量工具和划直线的导向工具，在尺面上刻线，最小刻线间距为＿＿＿＿＿mm，其规格有＿＿＿＿＿mm、＿＿＿＿＿mm、＿＿＿＿＿mm、＿＿＿＿＿mm。

7. 对划线的要求是：线条清晰均匀，＿＿＿＿＿、＿＿＿＿＿、尺寸准确。

二、选择题（多选题）

1. 下列（   ）属于划线的工具。
   A. 划针和划规
   B. 样冲和榔头
   C. 划针盘和划线平板
   D. V 形铁和 90° 角尺

2. 下列说法正确的有（   ）。
   A. 正确使用划线工具，划线时将划线工具整齐地摆放在划线台内，不得随地乱扔乱放
   B. 划线时，不得把划针当样冲使用
   C. 划线结束后，将划针放在安全的地方，不得将划针放进自己的口袋内或与其他工具堆放
   D. 不得将划线工具作为武器使用，不得用划线工具损坏公共设施设备

三、判断题

1. 在机床上装夹复杂工件时，可按划线找正确定位。   （   ）
2. V 形铁也称 V 形架，用于支承圆柱形工件，使工件轴线与底板平行。   （   ）
3. 划线时，可以把划针当样冲使用。   （   ）
4. 立体划线可以正确地找正工件在划线平板上的位置，直接关系到工件后续加工，是零件加工中的重要操作。   （   ）
5. 为了提高生产效率，防止在加工工件时引起尺寸差错，通过划线来明确加工标志。
                                                                      （   ）

项目三
金属锯削

◆ **项目概述**

　　锯削就是利用手锯对材料或工件进行锯断或切槽的操作。锯削是钳工的一项重要的基本技能。锯削具有方便简单和灵活的特点，在单件小批生产、临时工地以及切割异形工件、开槽、修整等场合应用较广。锯削工作范围包括对各种材料或工件的切断、切割、切槽和锯掉多余的部分。本项目共分为 3 个任务：任务一是认知锯削；任务二是锯削钢件；任务三是锯削型材。通过任务的学习，让同学们认识锯削的作用，学会锯削各种材料。

◆ **项目目标**

【知识目标】

1. 能对各种形体材料正确地进行锯削，操作姿势正确，并能达到一定的锯削精度。

2. 能根据不同材料正确选用锯条，并能正确装夹。

3. 熟悉锯条折断的原因和解决方法，了解锯缝产生歪斜的几种原因。

【能力目标】

1. 能根据要求独立完成钢件的锯削。

2. 能根据要求独立完成型材的锯削。

【素养目标】

1. 培养学生专注的精神。

2. 培养学生勤俭节约的意识。

任务一　认知锯削

◆**任务描述**

当前各种自动化、机械化的切割设备已广泛地使用，但手锯切割还是很常见。手锯切割具有方便、简单和灵活的特点，在单件小批生产、在临时工地以及切割异形工件、开槽、修整等场合应用较广。手工锯削是钳工需要掌握的基本操作之一。

本任务通过加工的原理、锯削加工的方法、锯削加工操作、锯削加工质量的检测等知识与技能的学习与应用，达成学习目标。

◆**知识准备**

一、锯削加工的作用

锯削的应用

1. 锯削的作用

用锯对材料或工件进行切断或切槽等的加工方法称为锯削，如图 3-1-1 所示。

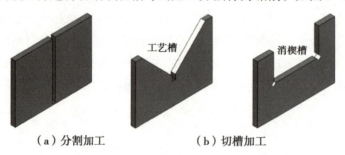

（a）分割加工　　　　　（b）切槽加工

图 3-1-1　锯削加工的作用

2. 锯削加工的工作原理

锯削是利用锯切工具旋转或往复运动，把工件、半成品切断或把板材加工成所需形状的切削加工方法，如图 3-1-2 所示。它可以锯断各种原材料或半成品，也可以锯掉工件上的多余部分，还可以在工件上锯槽。

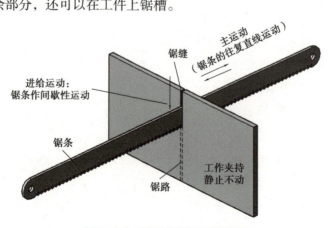

图 3-1-2　手工锯削加工的原理

二、锯削加工的工艺系统

锯削加工的工艺系统由台虎钳（夹具）、工件、锯弓、锯条组成。

1. 锯弓

锯弓是用来夹持和拉紧锯条的工具，如图 3-1-3 所示。

锯弓有固定式和可调式两种：固定式锯弓的弓架是整体的，只能装一种长度规格的锯条，如图 3-1-3（b）所示；可调式锯弓的弓架分成前后两段，前段在后段套内可以伸缩，可以安装几种长度规格的锯条，广泛使用的是可调式锯弓，如图 3-1-3（a）所示。

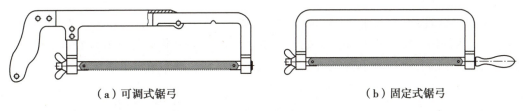

（a）可调式锯弓　　　　　　　　　　（b）固定式锯弓

图 3-1-3　锯弓及作用

2. 锯条的材料与结构

（1）锯条的作用与材料

锯条在锯削加工的主要作用是切割工件材料。

锯条一般由碳素工具钢或高速钢制成。碳素工具钢具有较高的硬度、耐磨性以及韧性，常用于手工锯削硬度较低的碳素结构钢（如 Q235、Q235A 等）、有色金属以及非金属材料；高速钢的硬度、耐磨性显著高于碳素工具钢，常用于机械或手工锯削硬度较高的材料，如中碳钢、高碳钢、合金钢等。

（2）锯条的规格、结构与粗细选择

锯条的规格以锯条两端安装孔间的距离来表示（长度有 200、250、300 mm 3 种）。常用的锯条规格为长 300 mm、宽 12 mm、厚 0.8 mm，如图 3-1-4（a）所示。

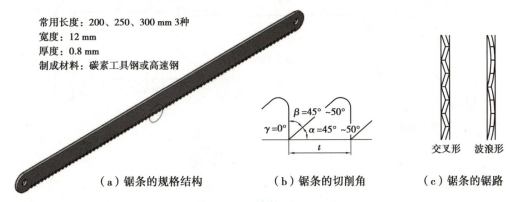

常用长度：200、250、300 mm 3 种
宽度：12 mm
厚度：0.8 mm
制成材料：碳素工具钢或高速钢

$\beta = 45° \sim 50°$
$\gamma = 0°$　$\alpha = 45° \sim 50°$
t

交叉形　波浪形

（a）锯条的规格结构　　　（b）锯条的切削角　　　（c）锯条的锯路

图 3-1-4　锯条规格结构

（3）锯条的切削角

锯条的切削部分由许多锯齿组成，每个齿相当于一把錾子起切割作用。常用锯条的前角 γ 为 $0°$，后角 α 为 $40° \sim 50°$，楔角 β 为 $45° \sim 50°$，如图 3-1-4（b）所示。

（4）锯路

锯条的锯齿按一定形状左右错开，排列成一定形状称为锯路。锯路有交叉、波浪等不同排列形状。锯路的作用是使锯缝宽度大于锯条背部的厚度，防止锯削时锯条卡在锯缝中，并减少锯条与锯缝的摩擦阻力，使排屑顺利，锯削省力，如图 3-1-4（c）所示。

（5）锯条的粗细及其选择

锯齿的粗细是按锯条上每 25 mm 长度内齿数表示的。14~18 齿为粗齿，24 齿为中齿，24~32 齿为细齿。锯齿的粗细也可按齿距 t 的大小来划分：粗齿的齿距为 1.6 mm，中齿的齿距为 1.2 mm，细齿的齿距为 0.8 mm，锯条的粗细选择如图 3-1-5 所示。

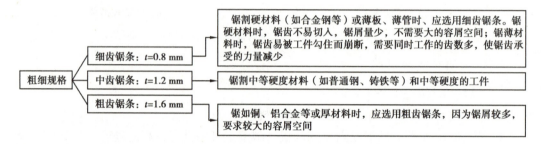

图 3-1-5　锯条的粗细及其选择

（6）锯条的安装

手锯是向前推时进行切割，向后返回时不起切削作用，安装锯条时应使锯齿向前；锯条的松紧要适当，太紧失去了应有的弹性，锯条容易崩断；太松会使锯条扭曲，锯缝歪斜，锯条也容易崩断，如图 3-1-6 所示。

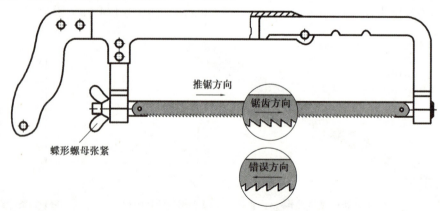

图 3-1-6　锯条的安装与张紧

锯条与锯弓的安装方向，可根据锯削加工的具体情况选择正向、垂直和反向安装，如图 3-1-7 所示。

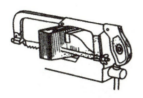
（a）锯条与锯弓正向安装

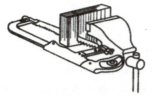
（b）锯条与锯弓垂直安装

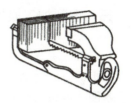
（c）锯条与锯弓反向安装

图 3-1-7 锯条与锯弓的安装方向

3. 工件的夹持

工件的夹持要牢固，不可有抖动（在不影响操作的情况下，让锯削面尽量靠紧钳口）。夹紧力不能太小，以防锯削时工件移动而使锯条折断；夹紧力不能太大，防止夹坏已加工表面和使工件变形。

工件尽可能夹持在台虎钳的左面，如图 3-1-8（b）所示，以方便操作；锯削线应与钳口垂直，以防锯斜；锯削线离钳口不应太远，以防锯削时产生抖动。

（a）台虎钳　　　　　　　　　　　（b）锯削工件安装夹持

图 3-1-8 工件的安装夹持

对薄板和管子锯削时，为防止工件变形和避免锯条锯齿被钩住，应采用护木、槽块夹头来对工件进行辅助安装夹持，如图 3-1-9 所示。

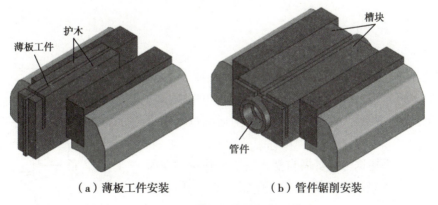

（a）薄板工件安装　　　　　　　　（b）管件锯削安装

图 3-1-9 薄板与管件锯削安装

三、锯削加工操作方法

1. 起锯

起锯的方式有远边起锯和近边起锯两种，一般情况采用远边起锯。此时锯齿是逐步切入材料，不易卡住，起锯比较方便。起锯角 α 以15°左右为宜，如图3-1-10所示。为了起锯的位置正确和平稳，可用左手大拇指挡住锯条来定位，如图3-1-11所示。起锯时压力要小，往返行程要短，速度要慢，这样可使起锯平稳。

锯削的技巧和方法

（a）远起锯

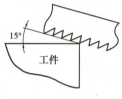

（b）近起锯

图3-1-10 锯削起锯的方式

起锯角

图3-1-11 锯条的定位

如果起锯角大于15°，极容易钩住锯齿，使锯齿折断，如图3-1-12（a）所示。如果起锯角过小，如图3-1-12（b）所示，起锯时，极容易打滑，锯条不易定位，也不易切入工件。

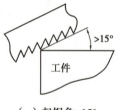

（a）起锯角>15°

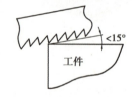

（b）起锯角<15°

图3-1-12 起锯角的控制

2. 锯削加工

（1）锯削加工的姿势

如图3-1-13所示为锯弓的握持手法。如图3-1-14（a）所示为锯削加工时的双脚站立位置。如图3-1-14（b）所示为手握锯弓的站立姿势与锯削运锯过程中身位的变化。

锯削时，手握锯弓要舒展自然，右手握住手柄向前施加压力，左手轻扶在弓架前端，稍加压力。人体重量均布在两腿上。

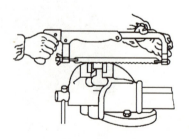

图3-1-13 锯削加工的姿势

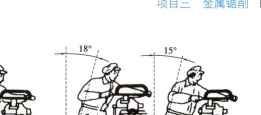

（a）双脚站立位置 　　　　　（b）锯削加工过程的姿势

图 3-1-14　锯削加工的姿势

（2）锯削加工的速度

锯削时速度不宜过快，以 30~60 次 /min 为宜，并应用锯条全长的 2/3 工作，以免锯条中间部分迅速磨钝。

（3）锯削加工的运锯方式

推锯时锯弓运动方式有两种：一种是直线运动，适用于锯缝底面要求平直的槽和薄壁工件的锯削；另一种是锯弓上下摆动，这样操作自然，两手不易疲劳。

锯削到材料快断时，用力要轻，以防碰伤手臂或折断锯条。

（4）锯削示例

锯削圆钢时，为了得到整齐的锯缝，应从起锯开始以一个方向锯到结束。如果对断面要求不高，可逐渐变更起锯方向，以减少抗力，便于切入。

锯削圆管时，一般把圆管水平地夹持在台虎钳内，对薄管或精加工过的管子，应夹在木垫之间。锯削管子不宜从一个方向锯到底，应该锯到管子内壁时停止，然后把管子向推锯方向旋转一些，仍按原有锯缝锯下去，这样不断转锯，到锯断为止。

锯削薄板时，为了防止工件产生振动和变形，可用木板夹住薄板两侧进行锯削。

四、锯削加工常见的工艺问题与安全知识

1. 锯削加工常见的工艺问题分析

锯削加工常见的工艺问题分析见表 3-1-1。

表 3-1-1　锯削加工常见工艺问题分析

工艺问题	产生原因分析
锯缝产生歪斜	工件安装时产生歪斜，导致锯削后锯缝与基准表面不垂直
	锯条安装太松或与锯弓平面产生扭曲
	使用两段锯齿磨损不均匀的锯条锯削
	锯削时，压力过大，导致锯条产生偏摆
	锯弓变形或用力后产生歪斜
锯齿磨损过快	锯削速度过快，使锯条发热过度而使锯条磨损过快
	未根据工件材料的硬度正确选择锯条类型

续表

工艺问题	产生原因分析
锯齿磨损过快	锯削硬材料时，未进行及时充分的冷却润滑
产生废品原因	划线位置错误或锯缝歪斜
	起锯时损坏了工件表面
锯条折断原因	锯条装得过紧或过松
	操作时压力过大，用力后偏离锯缝方向
	锯缝歪斜后强行纠偏
	新换锯条在旧锯缝中被卡住而折断
	锯断工件时，未控制速度，与台虎钳相撞而折断
	锯削铸铁时，遇到缩孔、缩松或硬度不均匀而折断
锯齿崩裂原因	锯条粗细选择不当，如锯削薄板或管子时选择粗齿锯条
	起锯角过大，导致锯齿被工件棱角钩住，仍然用力推锯
	锯削速度过快，锯齿受到过于猛烈的撞击

当锯条发生锯齿折断（不严重）时，若想继续使用，可在砂轮机上将相邻 2~3 齿磨低呈凹圆弧，并将断齿磨平，以避免后面的齿折断，如图 3-1-15 所示。

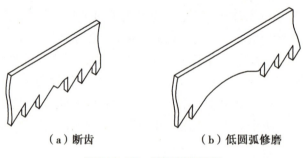

（a）断齿　　　　　　　（b）低圆弧修磨

图 3-1-15　锯条断齿修磨

2. 锯削安全知识

①锯削前要检查锯条的装夹方向和松紧程度。

②锯削时压力不可过大，速度不宜过快，以免锯条折断伤人。

③锯削将完成时，用力不可太大，并需用左手扶住被锯下的部分，以免该部分落下时砸脚。

◆ 任务实施

一、任务准备

①分析图纸。认真读懂任务图（图 3-1-16），拟订锯削工序，锯削工件。

②准备工量具。将台虎钳、锉刀、锯弓、锯条、钢直尺、游标卡尺、粉笔等锯削工量具有序摆放整齐。

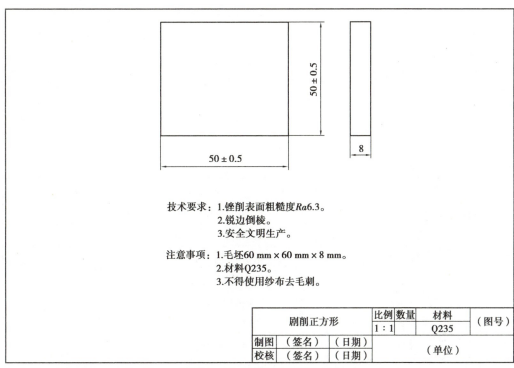

技术要求：1.锉削表面粗糙度*Ra*6.3。
　　　　　2.锐边倒棱。
　　　　　3.安全文明生产。

注意事项：1.毛坯60 mm × 60 mm × 8 mm。
　　　　　2.材料Q235。
　　　　　3.不得使用纱布去毛刺。

锯削正方形	比例	数量	材料	（图号）
	1 : 1		Q235	
制图	（签名）	（日期）		（单位）
校核	（签名）	（日期）		

图 3-1-16　锯削正方形练习图

二、技能训练步骤

①按要求分析图纸。

②按图纸要求，用钢直尺、游标高度卡尺（或划线盘）、划针按图示尺寸正反面划线。

③划完后进行检查，是否有多划或者漏划。

④安装锯条和调整锯弓（选择细齿锯条，可调式锯弓）。

⑤安装工件，满足薄板锯削要求。

⑥按照锯削要求训练锯削的站立姿势和身体摆动姿势。

⑦按照锯削要求训练手锯的握法。

⑧选择起锯方法及角度。

⑨达到锯削要求。

⑩质量检测。

三、注意事项及安全文明生产

①工件装夹要牢固，即将被锯断时，要防止断料掉下，同时防止用力过猛，将手撞到工件或台虎钳上受伤。

②注意工件的安装、锯条的安装，起锯方法、起锯角度正确，以免一开始锯削就造成废品和锯条损坏。

③要适时注意锯缝的平直情况，及时纠正。

④在锯削钢件时，可加些机油，以减少锯条与锯削断面的摩擦并冷却锯条，提高锯条的使用寿命。

⑤要防止锯条折断后弹出锯弓伤人。

⑥锯削完毕，应将锯弓上张紧螺母适当放松，并将其妥善放好。

◆ 任务检测

检测项目及评分标准

班级：　　　　　　　　　　姓名：　　　　　　　　　　成绩：

序号	质量检查内容		配分 / 分	评分标准	检测记录	得分 / 分
1	工件的夹持	锯削面应垂直钳口	10	锯削面应垂直钳口		
2	选择正确的锯条	软材料	5	锯条的选择错误扣分		
		硬材料	5	锯条的选择错误扣分		
		中硬材料	5	锯条的选择错误扣分		
3	锯条的安装	锯齿朝前	10	锯条的安装错误扣分		
4	锯削的姿势	手握锯弓姿势	10	手握锯弓姿势错误扣分		
		锯削的站姿	10	锯削的站姿错误扣分		
5	锯缝	（50±0.5）mm	20	超差 4 丝扣 1 分		
6	职业素质	团队合作	5	有违反规定视情节扣 1~5 分		
		遵守纪律	5	有违反规定视情节扣 1~5 分		
		不迟到早退	5	有违反规定视情节扣 1~5 分		
7	安全文明生产		10	工具的使用和操作姿势不正确扣 1~5 分，出现重大安全事故扣 5~10 分		
总分			100	合计		

学习拓展

锯削是用手锯对不同材料或工件进行切断或切槽的加工方法。锯削可以锯断各种原材料或半成品，锯掉工件上多余部分或在工件上锯槽。

好的锯削技能既能节约材料，又能节约加工时间，提高企业生产效率。希望同学们精益求精，继承工匠精神！

任务二　锯削钢件

◆任务描述

钳工车间王师傅受公司委托培训新入职的钳工学员，王师傅安排制作一块样板（图3-2-1）的任务。按照图纸要求，王师傅分析了加工工艺及操作安全注意事项后，把锯削钢件的工作交给在车间实习的段同学来完成。在王师傅的指导下，段同学认真学习了锯削钢件的相关知识、操作技能及安全相关知识，拟订了锯削钢件工序，做好锯削准备，完成了样板的锯削任务。

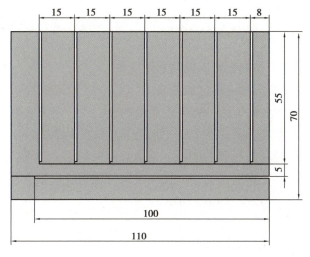

技术要求：
1. 锯缝工艺余量1 mm
2. 所有锯缝不能压线，工艺余量小于2 mm

注意事项：
1. 材料45
2. 毛坯尺寸110 mm×70 mm×3 mm

图3-2-1　零件图（锯削练习）

◆知识准备

锯削钢件

手工锯削是钳工要掌握的基本技能之一，划线之后的粗加工往往是锯削工序，锯削工序的质量好坏可以影响进一步加工的难易程度。

了解手工锯削钢件的工艺，掌握锯削的基本操作，理解操作中锯削的加工余量。

1. 钢件的概念

钢件是由钢制成的零件，而钢是一种含碳铁合金，具有强度高、韧性好、耐磨性强、耐腐蚀性好等特点。钢件具有重要的作用，广泛应用于汽车、航空航天、机械、建筑等领域。

按零件图要求在工件一个平面内划线后即能明确标示加工界线。所划线条本身有一定的宽度，一般划线精度能达到0.25~0.5 mm。

2. 锯条的选择

锯条的选用原则：根据被加工工件的精度、加工工件表面质量、被加工工件的大小及加工工件的材质进行选择（表3-2-1）。

表 3-2-1　锯齿的粗细规格及应用

锯齿粗细	每 25.4 mm 内的锯齿数（牙距大小）	应用
粗	14~18（1.8 mm）	锯削软材料（铜、铝合金）及厚材料
中	19~23（1.4 mm）	锯削钢、铸铁等中硬材料
细	24~32（1.1 mm）	锯削硬材料或薄板、管子
细变中	32~20	一般企业在使用，易起锯

3. 夹持钢件

①工件一般应夹持在台虎钳的左面，以便操作。

②工件伸出钳口不应过长，防止工件在锯削时产生振动（应保持锯缝距离钳口侧面 20 mm 左右）。

③锯缝线要与钳口侧面保持平行，便于控制锯缝不偏离划线线条。

④夹紧要牢靠，同时要避免将工件夹变形和夹坏已加工面。

⑤锯削薄板材料时，尽可能从宽的面上锯下去，锯条不易被钩住。当一定要在板料的狭面锯下去时，应该把它夹在两块木块之间，连木块一起锯下，如图 3-2-2（a）所示，这样才可避免锯齿被钩住，同时提高了板料的刚度，锯削时薄板料不会弹动。也可以将薄板料直接装夹在台虎钳上，用手锯横向斜推，使锯齿同时锯削的齿数（至少有两个以上）增加，避免锯齿崩裂，如图 3-2-2（b）所示。

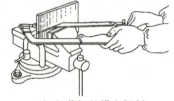

（a）薄板的夹持和锯削　　　　（b）薄板的横向锯削

图 3-2-2　薄板料锯削方法

4. 锯削钢件的质量分析

锯削钢件时产生废品的形式、原因及解决办法见表 3-2-2。

表 3-2-2　锯削钢件时产生废品的形式、原因及解决办法

废品形式	主要原因	解决办法
锯缝歪斜	①锯条装得过松 ②目测不及时 ③锯弓歪斜	①适当绷紧锯条 ②装夹工件时使锯缝的划线与钳口外侧平行，锯削过程中经常目测 ③扶正锯弓，按线锯削
尺寸精度（尺寸过大、过小）	①划线不正确 ②锯削线偏离所划的线	①按图样正确划线 ②起锯和锯削过程中始终使锯缝与所划的线重合

续表

废品形式	主要原因	解决办法
表面粗糙度 （工件表面拉毛）	起锯方法不对	①起锯时左手大拇指要挡好锯条，起锯角度要适当 ②具有一定的起锯深度后再正常锯削，以免锯条弹出

◆任务实施

一、任务准备

①分析图纸。认真读懂任务图（图3-2-3），拟订锯削工序，锯削工件。

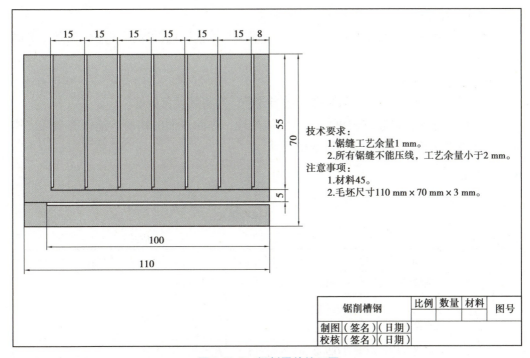

技术要求：
  1.锯缝工艺余量1 mm。
  2.所有锯缝不能压线，工艺余量小于2 mm。
注意事项：
  1.材料45。
  2.毛坯尺寸110 mm×70 mm×3 mm。

锯削槽钢	比例	数量	材料	图号
制图（签名）（日期）				
校核（签名）（日期）				

图3-2-3 锯削零件练习图

②准备工量具。将台虎钳、锯弓、锯条、钢直尺、游标卡尺、粉笔等锯削工量具有序摆放整齐。

二、技能训练步骤

①按要求分析图纸。
②按图纸要求，用钢直尺、游标高度卡尺（或划线盘）、划针按图示尺寸正反面划线。
③划完后进行检查，是否有多划或者漏划。
④安装锯条和调整锯弓（选择细齿锯条，可调式锯弓）。
⑤安装工件，满足薄板锯削要求。
⑥按照锯削要求训练锯削的站立姿势和身体摆动姿势。

⑦按照锯削要求训练手锯的握法。

⑧选择起锯方法及角度。

⑨达到锯削要求。

⑩质量检测。

三、注意事项及安全文明生产

①工件装夹要牢固，即将被锯断时，要防止断料掉下，同时防止用力过猛，将手撞到工件或台虎钳上受伤。

②注意工件的安装、锯条的安装，起锯方法、起锯角度正确，以免一开始锯削就造成废品和锯条损坏。

③要适时注意锯缝的平直情况，及时纠正。

④在锯削钢件时，可加些机油，以减少锯条与锯削断面的摩擦并冷却锯条，提高锯条的使用寿命。

⑤要防止锯条折断后弹出锯弓伤人。

⑥锯削完毕，应将锯弓上张紧螺母适当放松，并将其妥善放好。

⑦清理和存储：将完成的钢件进行清洁处理，去除表面的铁屑、油污等杂质。然后将钢件妥善存储，以备后续处理或使用。

◆ 任务检测

检测项目及评分标准

班级：　　　　　　　　　　姓名：　　　　　　　　　　成绩：

序号	质量检查内容		配分/分	评分标准	检测记录	得分/分
1	1~4条的锯缝（40%）	锯缝的直线度≤1.5 mm	15	超差不得分		
		正反面锯缝与检查线距离偏差值为 ±1.5 mm	10	超差压线不得分		
		锯缝与检查距离为0.5~2 mm	15	超差压线不得分		
2	5~6条的锯缝（30%）	锯缝直线度≤1 mm	10	超差不得分		
		正反面锯缝与检查线距离0.5~1.5 mm	10	超差压线不得分		
		锯缝与检查距离为0.5~1.5 mm	10	超差压线不得分		
3	7条的锯缝（15%）	锯缝的直线度≤1 mm	6	超差不得分		
		正反面锯缝与检查线距离＜0.5 mm	4	超差压线不得分		
		锯缝与检查距离为0.5~1.5 mm	5	超差压线不得分		

序号	质量检查内容		配分/分	评分标准	检测记录	得分/分
4	职业素质	团队合作	5	有违反规定酌情扣 1~5 分		
		遵守纪律	2	有违反规定酌情扣 1~5 分		
		不迟到早退	3	有违反规定酌情扣 1~5 分		
5	安全文明生产		5	工具的使用和操作姿势不正确扣 1~5 分，出现重大安全事故扣 5~10 分		
总分			100	合计		

学习拓展

　　锯削是用手锯对材料或工件进行切断或切槽的加工方法。锯削可以锯断各种原材料或半成品，锯掉工件上多余部分或在工件上锯槽。

　　好的锯削技能既能节约材料，又能节约加工时间，提高企业生产效率。勤俭节约历来是中华民族的传统美德，希望同学们继承并发扬光大！

任务三　锯削型材

◆任务描述

　　钳工车间李师傅接到技术主管安排制作一块样板（图 3-3-1）的任务。按照图纸要求，李师傅分析了加工工艺及操作安全注意事项后，把锯削型材的工作交给在车间实习的小刘同学来完成。在李师傅的指导下，小刘认真学习了锯削型材的相关知识、操作技能及安全相关知识，拟订了锯削型材工序，做好了锯削准备，完成了样板的锯削任务。

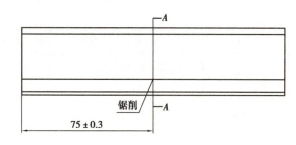
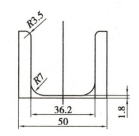
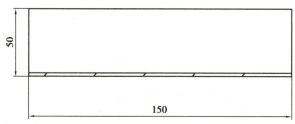

技术要求:
1.断面平整。
2.表面粗糙度Ra6.8。
3.安全文明操作。

图 3-3-1 零件图（锯削练习）

◆知识准备

锯削型材是利用手锯对型材进行切断或切槽的加工方法。了解型材手工锯削工艺，掌握锯削型材的基本操作，理解操作中锯削的工艺余量。

一、型材的大致分类

型材分为型钢型材（其中包括角钢、槽钢、工字钢、方钢、H 型钢等）、铝型材、塑料型材、塑钢型材、不锈钢型材等。

二、各种型材的锯削

1.管子的锯削

锯削管子前，可划出垂直于轴线的锯削线，锯削时对划线的精度要求不高，简单的方法是使用矩形纸条按锯削位置绕住工件外圆，然后用滑石划出（图 3-3-2）。锯削时必须把管子夹正。

锯削型材

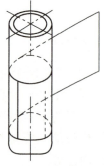

图 3-3-2 管子划线

对薄壁管子和精加工过的管子，应夹在有 V 形槽的两木衬垫之间，以防将管子夹扁和夹坏表面［图 3-3-3（a）］。锯削薄壁管子时正确的方法是先在一个方向锯到管子内壁处，然后把管子向推锯的方向转过一定的角度，并连接原锯缝再锯到管子内壁处，如此逐渐改变方向不断转锯，一直到锯断为止［图 3-3-3（b）］。不可在一个方向连续锯削到结束，否则锯齿易被管壁钩住而崩裂［图 3-3-3（c）］。

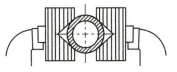

（a）管子的夹持　　　　　（b）正确的锯法　　　（c）错误的锯法

图3-3-3　管子的锯削

2. 扁钢的锯削

应从扁钢的宽面进行锯削［图3-3-4（a）］，这样锯缝较长，参加锯削的锯齿也多，锯削时的往复次数少，锯齿不易被钩住而崩断。若从扁钢的窄面进行锯削［图3-3-4（b）］，则锯缝短，参加锯削的锯齿少，使锯齿迅速变钝，甚至折断。

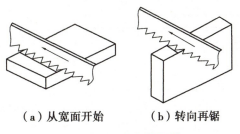

（a）从宽面开始　　　　　（b）转向再锯

图3-3-4　扁钢的锯削

3. 角铁的锯削

角铁的锯削应从宽面进行锯削［图3-3-5（a）］，锯好角铁的一面后，将角铁转过一个方向再锯另一面［图3-3-5（b）］，这样才能得到较平整的断面，锯齿不易被钩住。若将角铁从一个方向一直锯到底，这样锯缝深且不平整，锯齿易折断［图3-3-5（c）］。

（a）从宽面开始　　　　（b）转向再锯　　　　（c）再转向锯

图3-3-5　角钢的锯削

4. 槽钢的锯削

槽钢的锯削应从宽面进行锯削，将槽钢从3个方向锯削，锯削方法与锯削角铁相似，如图3-3-6（a）、（b）、（c）所示，图3-3-6（d）为错误锯削。

（a）从宽面开始　　　（b）转向再锯　　　（c）再转向锯　　　（d）错误锯削

图3-3-6　槽钢的锯削

◆**任务实施**

一、任务准备

①分析图纸。认真读懂任务图（图3-3-7），拟订划线工序，划出图形。

②准备工量具。将台虎钳、锯弓、锯条、刀口角尺、游标卡尺等锯削工量具有序摆放整齐。

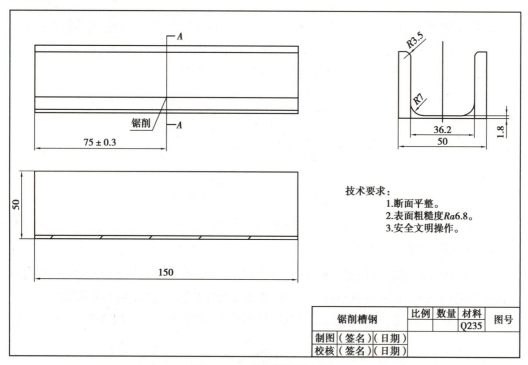

图 3-3-7　锯削槽钢练习图

二、技能训练步骤

①按要求分析图纸。

②按图纸要求，用钢直尺、游标高度卡尺（或划线盘）、划针按图示尺寸正反面划线。

③划完后进行检查，是否有多划或者漏划。

④安装锯条和调整锯弓（选择细齿锯条，可调式锯弓）。

⑤安装工件，满足锯削要求。

⑥按照锯削要求训练锯削的姿势。

⑦按照锯削要求训练手锯的握法。

⑧选择起锯方法及角度。

⑨达到锯削要求。

⑩质量检测。在完成锯削后，检查型材表面的平整度和光滑度。

三、注意事项及安全文明生产

①工件装夹要牢固，即将被锯断时，要防止断料掉下，同时防止用力过猛，将手撞到工件或台虎钳上受伤。

②注意工件的安装、锯条的安装，起锯方法、起锯角度正确，以免一开始锯削就造成废品和锯条损坏。

③要适时注意锯缝的平直情况，及时纠正。如果歪斜过多再纠正，就不能保证锯削质量。

④要防止锯条折断后弹出锯弓伤人。

⑤锯削完毕，应将锯弓上张紧螺母适当放松，并将其妥善放好。

◆**任务检测**

检测项目及评分标准

班级：　　　　　　　　姓名：　　　　　　　　成绩：

序号	质量检查内容	配分 / 分	评分标准	检测记录	得分 / 分
1	划线	20	每错一次扣 2 分		
2	（75 ± 0.3）mm	30	一处超差扣 1 分		
3	端面整齐	15	根据操作规范扣分		
4	使用工具，操作姿势正确	15	发现一次不正确扣 1 分		
5	正确使用量具测量	10	根据操作规范扣分		
6	安全文明生产	10	工具的使用和操作姿势不正确扣 1~5 分，出现重大安全事故扣 5~10 分		
	总分	100	合计		

学习拓展

锯削型材是利用手锯对型材进行切断或切槽的加工方法。了解型材手工锯削工艺，掌握锯削型材的基本操作，理解操作中锯削的工艺余量。希望同学们在以后的工作中爱岗敬业、无私奉献。

习　题

一、填空题

1. 锯削是用手锯对材料或工件进行＿＿＿＿或＿＿＿＿的加工方法。

2. 手锯是由＿＿＿＿和＿＿＿＿组成的。

3. 锯弓是用来安装锯条的，有＿＿＿＿和＿＿＿＿两种。

4. 锯齿粗细的选用一般应根据加工材料的_____、_____等来进行。

5. 加工材料为钢件，应选用_____锯条。

6. 手锯是在前推时才起切削作用，锯条安装应使齿尖的方向_____。

7. 根据所划线起锯，起锯分为_____和_____两种。

8. 推锯时，锯弓运动方式有_____和_____两种。

9. 锯条一般用渗碳软钢冷轧而成，也有用_____或_____制成。

10. 锯条根据锯齿的齿距大小，可分为_____、_____和_____。

二、选择题

1. 锯削硬材料或薄板、管子选用（　　　）。

　　A. 粗齿锯条　　　　　B. 中齿锯条　　　　　C. 细齿锯条　　　　　D. 任意锯条

2. 锯削棒料时，要求锯出的端面比较平整选用（　　　）。

　　A. 一次起锯　　　　　B. 多次起锯　　　　　C. 远起锯　　　　　D. 近起锯

3. 锯削圆管时选用（　　　）。

　　A. 转为起锯　　　　　B. 多次起锯　　　　　C. 远起锯　　　　　D. 近起锯

三、判断题

1. 固定式锯弓只能安装一种长度的锯条。　　　　　　　　　　　　　（　　　）

2. 锯齿的粗细以锯条 25 mm 长度内的齿数来表示。　　　　　　　　（　　　）

3. 锯削管子和薄板时，必须用粗齿锯条。　　　　　　　　　　　　　（　　　）

4. 起锯是锯削工作的开始，起锯效果的好坏直接影响锯削的质量。　（　　　）

5. 锯削运动的速度一般为 20~40 次 /min。　　　　　　　　　　　　（　　　）

6. 锯削硬材料慢些，锯削软材料快些。　　　　　　　　　　　　　　（　　　）

7. 锯条安装后，要保证锯条平面与锯弓中心平面平行，不得倾斜或扭曲。（　　　）

8. 一般情况下采用近起锯较好，此时锯条是逐步切入材料的。　　　（　　　）

9. 锯削时工件夹紧要牢靠，同时要避免将工件夹变形和夹坏已加工面。（　　　）

10. 锯削薄板时，为了防止工件产生振动和变形，可用木板夹住薄板两侧进行锯削。

　　　　　　　　　　　　　　　　　　　　　　　　　　　　　　　（　　　）

四、简答题

1. 锯削的用途有哪些?

2. 起锯的两种常见问题是什么?

3. 锯缝歪斜的原因及纠正方法有哪些?

项目四
金属錾削

◆项目概述

錾削是钳工工作中较重要的一项基本技能。錾削是利用手锤敲击錾子对金属进行切削加工的一种操作方法。它主要用于零件制造过程中某些部位不能采用机械加工或不宜采用机械加工的地方。采用錾削，可去除毛坯或铸件锻件的飞边毛刺、浇冒口、凸台，切割板料条料，开槽以及对金属表面进行粗加工等。本项目共分为两个任务：任务一是錾削狭平面；任务二是錾削平面。尽管錾削工作效率不高，劳动强度大，但工具简单，操作方便、灵活，仍然应用于许多机械加工场合，在机械制造中起着重要的作用。

◆项目目标

【知识目标】

1. 能讲解錾削工具的用途和錾子的几何角度。

2. 能说出錾子的刃磨与热处理方法。

【能力目标】

1. 能掌握錾削操作要领。

2. 能完成錾削狭平面和大平面的工作任务。

【素养目标】

1. 能养成工具、量具摆放整齐，用完及时归还的良好习惯。

2. 能养成完成工作任务后，及时打扫场地卫生的习惯。

3. 能严格遵守錾削操作安全规程，预防安全事故的发生。

任务一 錾削狭平面

◆**任务描述**

在钳工车间实习的王同学接到张老师给的零件图，张老师要求王同学用錾削的方法完成如图4-1-1所示的零件加工。

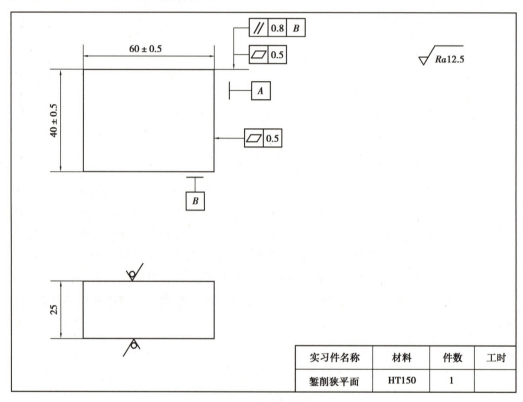

图 4-1-1 零件图

◆**知识准备**

一、錾削工具

1. 錾子

錾子

錾子是錾削工件的刀具，由头部、切削部分及錾身3个部分组成。其尖端通常制成锥形，顶端略带球形，以便锤击力能通过錾子轴心。柄部一般制成六边形，以便操作者定向握持。

2. 錾子的种类及用途

錾子的种类及用途见表4-1-1。

錾子的种类
和用途

表 4-1-1 錾子的种类及用途

名称	图示	说明
扁錾		扁錾又称平錾、阔錾,切削刃较长,切削部分扁平,刃口略带弧形,主要用来錾削平面,去除毛刺、飞边和切割板料等,应用较广泛
窄錾		窄錾又称尖錾,切削刃比较短,且一刃两侧面自切削刃起向柄部逐渐变狭窄,以防止在切槽时两侧被卡住,窄錾用于錾沟槽和板料切割等
油槽錾		油槽錾切削刃很短,且呈圆弧形。为了能在对开式的内曲面上錾削油槽,其切削部分做成半圆形状。油槽錾主要用于錾削平面或曲面上的润滑油槽等

3. 錾子的几何角度

錾子由錾身和切削部分组成,它的切削部分呈楔形。錾子的切削部分主要由前刀面、后刀面和它们的交线组成。为了获得一定的錾削质量和工作效率,必须熟练掌握錾子刃口的几何角度及切削时所处的位置。錾子的几何角度如图 4-1-2 所示。

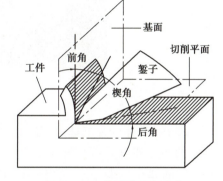

图 4-1-2 錾子的几何角度

(1)楔角 β

錾子前刀面与后刀面之间的夹角称为楔角。楔角大小对錾削有直接影响,楔角越大,切削部分强度越高,錾削阻力越大。选择楔角大小应在保证足够强度的情况下,尽量取小的数值。錾硬材料楔角大,软材料楔角小。錾子几何角度的选择见表 4-1-2。

表 4-1-2 錾子几何角度的选择

工件材料	β(楔角)/(°)
工具钢、铸铁	60~70
结构钢	50~60
铜、铝、锡	30~50

(2)后角 α

后角是后刀面与切削平面所夹的锐角。后角大,背吃刀量大,切削困难;后角小,容易使錾子从工件表面滑过。一般取后角 α =8° 较为适中,主要是减小后刀面与切削

平面之间的摩擦。

（3）前角 γ

前角是前刀面与基面所夹的锐角。前角的作用是錾削时减小切屑的变形。前角越大，錾切越省力。

4. 錾子的刃磨

錾子切削部分的好坏直接影响錾削质量和錾削效率，在錾削过程中，若錾子磨损了，应及时修磨。刃磨錾子时，应将錾子刃面置于旋转着的砂轮轮缘上，并略高于砂轮的中心，且在砂轮的全宽方向做左右移动。刃磨时要掌握好錾子的方向和位置，以保证所磨的楔角符合要求。前、后两面要交替刃磨，以求对称。刃磨时，加在錾子上的压力不应太大，以免刃部过热而退火，必要时，可将錾子浸入冷水中冷却，如图 4-1-3 所示。

錾子的刃磨

图 4-1-3　錾子的刃磨

5. 錾子的热处理

錾子一般用碳素工具钢（T7A、T8A）锻打成型后，切削部分经刃磨和热处理而成。錾子的热处理包括淬火和回火两个过程，其目的是保证錾子切削部分具有较高的硬度和一定的韧性，其硬度可达 56~62 HRC。

（1）淬火

当錾子的材料为 T7A 或 T8A 钢时，可把錾子切削部分约 20 mm 端均匀加热到750~780 ℃后迅速取出，并垂直地把錾子放入冷水内冷却即完成淬火。

把錾子放入水中冷却时，应沿着水面缓慢地移动。其目的是加速冷却提高淬火硬度；使淬硬部分与不淬硬部分没有明显的界线，避免錾子在此线上断裂。

（2）回火

錾子的回火是利用本身的余热进行的。当淬火的錾子露出水面的部分呈黑色时，即由水中取出，迅速擦去氧化皮，观察錾子刃部的颜色变化。对一般阔錾，在錾子刃口部分呈紫红色与暗蓝色之间时；对一般狭錾，在錾子刃口部分呈黄褐色与红色之间时；将錾子再次放入水中冷却，此时完成錾子的淬火、回火处理的全部过程。

锤子

二、锤子

锤子是钳工常用的敲击工具，由锤头、木柄和楔子组成，如图 4-1-4 所示。

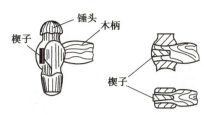

图 4-1-4　锤子

　　锤子的规格用其质量大小表示，钳工常用的锤子有 0.25、0.5 和 1 kg 等。木柄长度应根据不同规格的锤头选用。手握处的断面应为椭圆形，以便锤头定向，准确敲击。木柄安装在锤头中必须稳固、可靠，装木柄的孔做成椭圆形，且两端大，中间小。木柄敲紧在孔中后，端部再打入带倒刺的铁楔子后就不易松动了，可防止锤头脱落而造成事故。

三、錾子和锤子的握法

1. 錾子的握法（表 4-1-3）

表 4-1-3　錾子的握法

正握法	反握法
握錾子时手心向下，用中指和无名指握住錾子，小指自然合拢，食指和大拇指自然地接触，錾子头部伸出约 20 mm	握錾子时手心向上，大拇指捏住錾子前部，中指、小指自然握住錾子，手掌悬空，小指自然合拢，食指自然地接触錾子，伸出约 20 mm

2. 锤子的握法（表 4-1-4）

表 4-1-4　锤子的握法

紧握法	松握法
用右手五指紧握锤柄，大拇指轻压在食指上，虎口与锤头方向一致，木柄尾端露出 15~30 mm。敲击过程中五指始终紧握	只用大拇指和食指始终握紧锤柄，挥锤时，小指、无名指、中指则依次放松。其优点是手不易疲劳，锤击力大

3. 挥锤的方法（表4-1-5）

表4-1-5　挥锤的方法

腕挥	肘挥	臂挥
腕挥锤法只依靠手腕的运动来挥锤。这种方法锤击力量小，一般用于錾削的开始和结尾。錾油槽、直槽和加工模具等可用此方法	肘挥锤法是利用腕和肘一起运动来挥锤，敲击力较大，切削效果高，应用广泛。常用于錾削平面、切断材料或錾削较长的直槽	臂挥锤法是利用手腕、肘和臂一起挥锤，锤击力最大，用于需要大量錾削的场合

四、錾削姿势

錾削的站立姿势很重要，它关系锤击力的大小、锤击速度的快慢、锤击的准确性和錾削质量。操作者在錾削时，身体与台虎钳纵向中心线呈45°，两脚间距约300 mm，同时互呈一定角度，左脚跨前半步，右脚稍微朝后（图4-1-5），身体自然站立，重心偏于右脚。右脚要站稳，右腿伸直，左腿膝盖关节自然弯曲。眼睛注视錾削处，以便观察錾削的情况，左手握錾使其在工件上保持正确角度，右手挥锤，使锤头沿弧线运动，进行锤击（图4-1-6）。

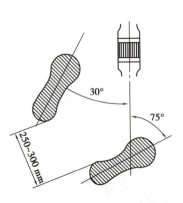

图4-1-5　錾削时双脚的位置

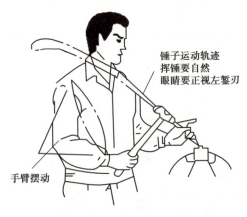

锤子运动轨迹
挥锤要自然
眼睛要正视左錾刃

手臂摆动

图4-1-6　錾削姿势

◆**任务实施**

一、任务准备

①分析图纸。认真读懂任务图（图4-1-7），拟订錾削工序，錾出工件。

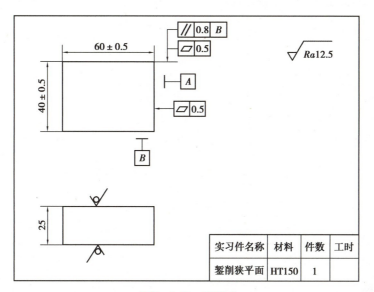

图4-1-7 零件图

②准备工量具。锤子、扁錾、钢尺、塞尺、游标卡尺、划针盘、平板等工量具有序摆放整齐。

二、技能训练步骤

①检查用料，划出錾面加工界线。

②夹紧工件，使A面加工线平行钳口伸出5 mm左右。

③錾A面：粗錾时，錾削量在0.5~1 mm。为防止工件錾到尽头处崩裂，约距15 mm时，调头錾削，以保证平面度要求。錾B面时，保证平面度要求。

④按线錾削A面对应面，保证平面度、平行度、尺寸公差要求；錾B面对应面时，保证平面度、平行度、尺寸公差要求。

三、注意事项及安全文明生产

①錾削前戴好劳保眼镜，工件要夹紧，锤子要装牢，以防止脱落砸伤人。

②工具和量具注意分放，工具放在台虎钳的右边，量具放在盒内或平板上（在台虎钳的左边）。

③在进行錾子的淬火、回火练习时，注意温度、色别对錾子硬度的影响。

④遵守使用砂轮机磨削的安全操作规程。

◆任务检测

检测项目及评分标准

班级：　　　　　　　　　　　　姓名：　　　　　　　　　　成绩：

序号	质量检查内容	配分/分	评分标准	检测记录	得分/分
1	（60±0.5）mm	40	一处超差扣20分		
2	平面度0.5 mm（4处）	20	一处超差扣5分		
3	平行度0.8 mm（两处）	10	一处超差扣5分		
4	錾削姿势正确	5	按正确程度给分		
5	刃磨錾子角度基本正确	5	按正确程度给分		
6	工件表面粗糙度	10	若表面损伤，则分数全扣		
7	安全文明生产	10	工具的使用和操作姿势不正确扣1~5分，出现重大安全事故扣5~10分		
	总分	100	合计		

学习拓展

　　錾削是利用手锤敲击錾子对金属材料进行切削加工的方法，是钳工工作中较重要的一项基本技能。錾削劳动强度大，但工具简单，操作方便、灵活，仍然应用于许多机械加工场合，在机械制造中起着重要的作用。同学们应树立信心，培养良好的吃苦耐劳习惯。

任务二　錾削平面

◆任务描述

　　钳工车间张师傅接到技术主管安排制作一块样板（图4-2-1）的任务。按照图纸要求，张师傅分析了加工工艺及操作安全注意事项后，把錾削大平面的工作交给在车间实习的王同学来完成。在张师傅的指导下，王同学认真学习了錾削大平面的相关知识、操作技能及安全相关知识，拟订了錾削大平面工序，做好錾削大平面准备，完成了錾削大平面的任务。

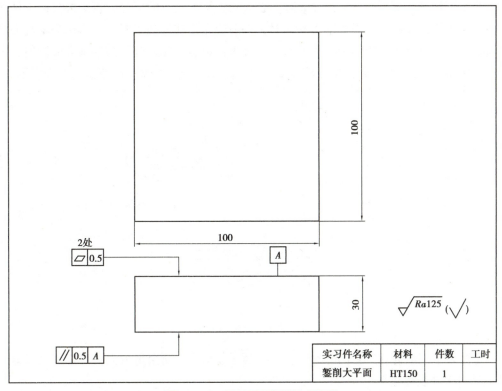

图 4-2-1 零件图（錾削大平面）

◆知识准备

一、錾削平面的方法

錾削平面主要使用扁錾。起錾时，一般都应从工件的边缘尖角处着手，称为斜角起錾，如图 4-2-2 所示。从尖角处起錾时，由于切削刃与工件的接触面小，因此阻力小，只需轻敲，錾子即能切入材料。当需要从工件的中间部位起錾时，錾子的切削刃要抵紧起錾部位，錾子头部向下倾斜，使錾子与工件起錾端面基本垂直（图 4-2-3），然后轻敲錾子，这样能够比较容易地完成起錾工作，这种起錾方法称为正面起錾。

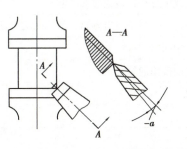

图 4-2-2 斜角起錾

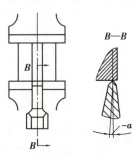

图 4-2-3 正面起錾

当錾削快到距离尽头 10~15 mm 时，必须调头錾削余下的部分，否则极易使工件的边缘崩裂（图 4-2-4）。当錾削大平面时，一般应先用狭錾间隔开槽，再用扁錾錾去剩余部分（图 4-2-5）。当錾削小平面时，一般采用扁錾，使切削刃与錾削方向倾斜一定角度（图 4-2-6），目的是使錾子容易稳定住，防止錾子左右晃动而使錾出的表面不平。

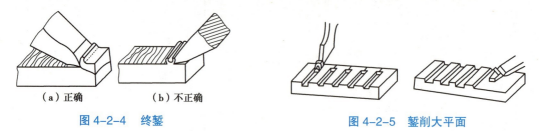

（a）正确　　　（b）不正确

图 4-2-4　终錾

图 4-2-5　錾削大平面

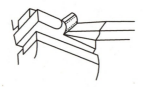

图 4-2-6　錾削小平面

錾削余量一般为 0.5~2 mm。余量太小，錾子易滑出，而余量太大会使錾削太费力，且不易将工件表面錾平。

二、錾削平面的质量分析

錾削平面时的质量问题及其产生原因见表 4-2-1。

表 4-2-1　錾削平面时的质量问题及其产生原因

质量问题	产生原因
表面粗糙	①錾子刃口爆裂或刃口卷刀、不锋利
	②锤击力不均匀
	③錾子头部已锤平，使受力方向经常改变
表面凹凸不平	①錾削中，后角在一段过程中过大，造成錾面凹下
	②錾削中，后角在一段过程中过小，造成錾面凸起
表面有梗痕	①左手未将錾子放正、握稳，使錾子刃口倾斜，錾削时刃角梗入
	②刃磨錾子时将刃口磨成中凹
崩裂或塌角	①錾到尽头时未调头錾，使棱角崩裂
	②起錾量太多，造成塌角
尺寸超差	①起錾时尺寸不准确
	②测量、检查不及时

錾削大平面

◆**任务实施**

一、任务准备

①分析图纸。认真读懂任务图（图4-2-7），拟订划线工序，划出图形。

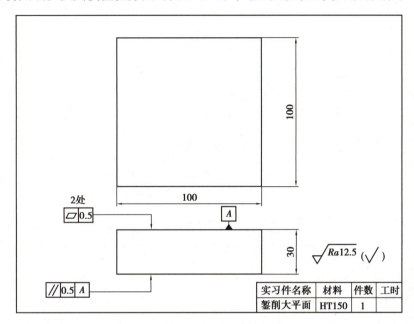

实习件名称	材料	件数	工时
錾削大平面	HT150	1	

图4-2-7 零件图

②准备工量具。将扁錾、钢尺、游标卡尺、塞尺、划针盘等錾削大平面工量具有序摆放整齐。

二、技能训练步骤

①錾 A 面，按图样要求錾削平面，达到平面度的要求。

②以 A 面为基准，划出厚度尺寸为 30 mm 的平面加工线。

③錾削 A 面对应的面，达到尺寸公差（30 ± 0.5）mm，满足平面度、平行度的要求。

三、注意事项及安全文明生产

①严格遵守錾削的安全操作规程。

②防止工件端部产生崩裂现象。

③为锻炼锤击力量，粗錾时每次的錾削量应在 1.5 mm 左右。

④錾削时，时常会出现锤击速度过快，左手握錾不稳，锤击无力等情况，要注意及时克服。

◆**任务检测**

检测项目及评分标准

班级：　　　　　　　　　姓名：　　　　　　　　　成绩：

序号	质量检查内容	配分/分	评分标准	检测记录	得分/分
1	（30±0.5）mm	40	超差扣40分		
2	平行度0.5 mm	10	超差扣10分		
3	平面度0.5 mm（两处）	10	一处超差扣5分		
4	錾削痕迹整齐	10	按正确程度给分		
5	錾子刃磨正确	10	按正确程度给分		
6	錾削姿势正确	10	按正确程度给分		
7	安全文明生产	10	工具的使用和操作姿势不正确扣1~5分，出现重大安全事故扣5~10分		
	总分	100	合计		

学习拓展

　　錾削操作是钳工工种中一项较为艰苦而又不可缺少的基本操作技能。錾削操作劳动强度大、容易产生疲劳、效率低，对操作姿势、动作要领要求掌握准确，否则会影响工件的加工进度及加工质量。为了使錾削质量和效率达到一定的程度，同学们在操作中注意力要高度集中，要扬起自信的风帆，耐心细致，发扬吃苦耐劳的工匠精神！

习 题

一、填空题

1.＿＿＿＿＿＿是利用手锤敲击錾子对金属进行切削加工的一种操作方法。

2.手锤由 ＿＿＿＿＿＿、＿＿＿＿＿＿ 和 ＿＿＿＿＿＿组成。

3.錾削工作范围主要是去除毛坯的凸缘、＿＿＿＿＿＿、＿＿＿＿＿＿，錾削平面及＿＿＿＿＿＿ 等。

4.錾子是錾削工件的 ＿＿＿＿＿＿，由 ＿＿＿＿＿＿、＿＿＿＿＿＿ 和 ＿＿＿＿＿＿组成。一般用碳素工具钢（T7A）锻成，经热处理后硬度达到 ＿＿＿＿＿＿HRC。

5.选择錾子的楔角时，在保证足够 ＿＿＿＿＿＿ 的前提下，尽量取 ＿＿＿＿＿＿ 的数值。根据工件材料 ＿＿＿＿＿＿ 的不同选取 ＿＿＿＿＿＿ 的楔角数值。

6.錾子切削部分由 ＿＿＿＿＿＿ 面、＿＿＿＿＿＿ 面以及它们的交线形成的 ＿＿＿＿＿＿组成。

7. 锤子的握法有 _____ 和 _____。挥锤法分为 _____、_____、_____。

8. 当錾子的前角为 45°，后角为 6° 时，錾子的楔角应为 _____。

9. 錾削时，若后角太大则易使錾子 _____，切削困难；若后角太小则易造成錾子 _____，不能切入。錾削时比较合理的后角为 _____。

10. 錾子经过锻造后，须由钳工进行热处理，而錾子的热处理包括 _____ 和 _____ 两个过程。

二、选择题

1. 錾削钢等硬材料时楔角取（　　　）。

　　A.30°~50°　　　　　　B.50°~60°　　　　　　C.60°~70°

2. 硬头锤子是用碳素工具钢制成的，并经淬硬处理，其规格用（　　　）表示。

　　A. 长度　　　　　　　B. 质量　　　　　　　C. 体积

3. 錾削平面时应从工件（　　　）着手起錾。

　　A. 中间　　　　　　　B. 边缘　　　　　　　C. 边缘的尖角处

4. 握錾子的正确方法是用左手（　　　）将錾子握住，小指自然合拢。

　　A. 食指和大拇指　　　B. 中指和食指　　　C. 中指和无名指

5. 錾子的（　　　）的夹角称为楔角。

　　A. 前面与后面之间　　B. 后面与切削平面　　C. 前面与基面

6. 錾削时选用（　　　）的后角比较合适。

　　A.3°~4°　　　　　　B.5°~8°　　　　　　　C.10°~15°

7. 錾削平面时应选用（　　　）。

　　A. 扁錾　　　　　　　B. 油槽錾　　　　　　C. 尖錾

8. 当錾到离尽头（　　　）mm 左右时，必须调头錾去余下部分。

　　A.5　　　　　　　　　B.10　　　　　　　　　C.15

9. 錾子切削部分根据錾削对象的不同，可分为（　　　）。（多选）

　　A. 扁錾　　　　　　　B. 窄錾　　　　　　　C. 油槽錾　　　　　　D. 尖錾

10. 錾子的握法有（　　　）。（多选）

　　A. 正握法　　　　　　B. 反握法　　　　　　C. 立握法　　　　　　D. 斜握法

三、判断题

1. 采用錾削，可去除毛坯或铸件、锻件的飞边、毛刺、浇冒口、凸台，切割板料、条料、开槽以及对金属表面进行粗加工等。　　　　　　　　　　　　（　　　）

2. 錾子切削部分的好坏直接影响錾削质量和錾削效率。　　　　　　　（　　　）

3. 錾子一般用合金工具钢锻打成型后，切削部分经刃磨和热处理而成，其硬度可达 56~62 HRC。　　　　　　　　　　　　　　　　　　　　　　　　（　　　）

4. 刃磨錾子时，应将錾子刃面置于旋转着的砂轮轮缘上，并略高于砂轮的中心，

且在砂轮的全宽方向左右移动。 （　）

5. 錾削飞边或毛刺时，应戴防护眼镜。 （　）

6. 錾削时形成的切削角度有前角、后角和楔角，3 个角之和为 90°。 （　）

7. 錾削钢和铝等软材料时，錾子的楔角一般取 50°~60°。 （　）

8. 油槽錾的切削刃较长，是直线。 （　）

9. 锤子的规格用其质量的大小表示。 （　）

10. 刃磨錾子时加在錾子上的压力不能过大，并需经常用水冷却刃口，防止其退火。

（　）

11. 錾削时不用调头錾，不会使棱角崩裂。 （　）

12. 錾削时錾子的楔角一般取 5°~8°。 （　）

项目五
金属锉削

◆ 项目概述

    锉削是指用锉刀对工件表面进行切削加工，使工件达到所规定的尺寸形状和表面粗糙度的加工方法。锉削是钳工的三大基本功之一，是钳工的核心技能。锉削技能掌握的高低直接决定了钳工技能水平的高低。锉削在复杂形状零件的加工和模具制作方面具有较高的优势。对于一个优秀的钳工来讲，锉削是一个重要的基本技能。本项目共分为两个任务：任务一是认知锉削；任务二是锉削正方体。通过任务的学习，让同学们会正确使用锉刀锉削零件，能根据要求自行检测零件质量并记录。

◆ 项目目标

【知识目标】

1. 能说出锉削操作的动作要领，并掌握正确的锉削姿势。
2. 能说出锉削质量的检测方法。

【能力目标】

1. 能根据加工要求选用锉刀规格，并正确使用锉刀锉削零件。
2. 能根据要求自行检测零件质量并记录。

【素养目标】

1. 具备较强的质量意识与团队意识。
2. 学生在锉削加工时做到安全和文明操作。

任务一 认知锉削

◆**任务描述**

小张是中职学校机械专业的一名学生，本期学习"钳工工艺与技能训练"这门课程，他不知道"锉削"是什么？他通过本任务的学习认知锉削，明白锉削的概念及应用场合、锉刀的种类及其选择、锉削的技能要领及工件的装夹、锉削的锉削姿势及动作过程。

◆**知识准备**

用锉刀对工件表面进行切削的加工方法称为锉削。锉削一般是在錾削、锯削之后对工件进行的精度较高的加工，其精度可达 0.01 mm，表面粗糙度 Ra 值可达 0.8 μm。锉刀常用碳素工具钢 T10、T12 制成，并经热处理淬硬到 62~67 HRC。

锉削的应用范围很广，可以锉削内外平面、内外曲面、外表面、内孔、沟槽和各种复杂表面。例如，对装配过程中的个别零件作最后的修整；在维修工作中或在单件小批量生产条件下，对一些形状较复杂的零件进行加工；制作工具或模具；手工去毛刺、倒角、倒圆等。

一、锉刀

1. 锉刀的组成

锉刀由锉身和锉柄两个部分组成，锉刀的构造及各部分的名称如图 5-1-1 所示。锉刀面是锉刀的主要工作面，上下两面都制有锉齿，以便进行锉削。

认识锉刀的
构造和类型

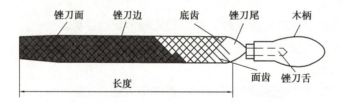

图 5-1-1 锉刀的构造及各部分的名称

2. 锉刀的种类

锉刀按用途不同主要分为普通锉刀（或称钳工锉刀）、异形锉刀（或称特种锉刀）和整形锉刀（或称什锦锉刀）三类，如图 5-1-2 所示。其中，普通锉刀使用较多。

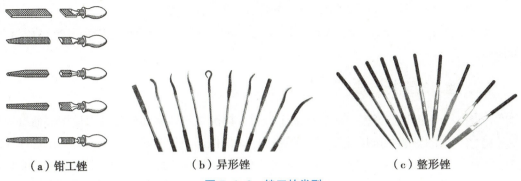

|（a）钳工锉|（b）异形锉|（c）整形锉|
图 5-1-2　锉刀的类型

（1）普通锉刀

普通锉刀按截面形状不同分为平锉（扁锉）、方锉、圆锉、半圆锉和三角锉 5 种，如图 5-1-2 所示；按其长度可分为 100、150、200、250、300、350、400 mm 等；按其齿纹可分为单齿纹、双齿纹（大多用双齿纹）。

普通锉刀按其齿纹疏密可分为粗齿、中齿、细齿、粗油光（双细齿）、细油光 5 种。锉刀的粗细以每 10 mm 长的齿面上锉齿数来表示，粗锉为 4~12 齿，细齿为 13~24 齿，油光锉为 30~36 齿；或者用齿距来表示，Ⅰ粗齿锉刀齿距为 2.3~0.83 mm，Ⅱ中齿锉刀齿距为 0.77~0.42 mm，Ⅲ细齿锉刀齿距为 0.33~0.25 mm，Ⅳ粗油光锉刀齿距为 0.25~0.20 mm，Ⅴ细油光锉刀齿距为 0.20~0.16 mm。

（2）异形锉刀（特种锉刀）

异形锉刀是加工零件特殊表面用的，它有直的、弯曲的两种，其截面形状很多，见表 5-1-1。

（3）整形锉刀（什锦锉刀）

整形锉刀主要用于精细加工及修整工件上难以机加工的细小部位。它由若干把各种截面形状的锉刀组成一套，见表 5-1-1。

表 5-1-1　锉刀断面形状

	普通锉刀断面形状
△ ▨ ◯ ◖ ▭	普通锉刀断面形状
◇ ◸ ◹ ⬭ ◝	异形锉刀断面形状
▨ ▮ ◊ ◊ ◖ ◯ ◺ ◿ ▯	整形锉刀断面形状

3. 锉刀的编号

根据国家标准相关规定，锉刀编号的组成顺序：类别代号—型式代号—规格—锉纹号。

其中，类别代号：Q—钳工锉；Y—异形锉；Z—整形锉。

型式代号：01—齐头扁锉；02—尖头扁锉；03—半圆锉；04—三角锉；05—方锉；06—圆锉。

二、锉刀的选择方法

锉刀的选择方法

正确选择锉刀对保证加工质量、提高工作效率和延长锉刀使用寿命有很大的影响。选择锉刀的一般原则：一是根据工件形状和加工面的大小选择锉刀的形状和规格；二是根据加工材料软硬、加工余量、尺寸精度和表面粗糙度的要求选择锉刀的粗细。粗锉刀的齿距大，不易堵塞，适宜于粗加工（即加工余量大、精度等级和表面质量要求低）及铜、铝等软金属的锉削；细锉刀适宜于钢、铸铁以及表面质量要求高的工件的锉削；油光锉只用来修光已加工表面，锉刀越细，锉出的工件表面越光，生产率越低。

1. 锉刀齿的选择

锉刀齿的粗细要根据加工工件的余量大小、加工精度、材料性质来选择。粗齿锉刀适用于加工余量大、尺寸精度低、形位公差大、表面粗糙度数值大、材料软的工件；反之，应选择细齿锉刀。各种粗细齿锉刀的加工范围见表 5-1-2。使用时，要根据工件要求的加工余量、尺寸精度和表面粗糙度的大小来选择。

表 5-1-2　锉刀齿的选择方法

类别	锉纹号	长度 / mm									加工余量 / mm	能达到的表面粗糙度值 $Ra / \mu m$
		100	125	150	200	250	300	350	400	450		
		每 100 mm 长度内主要锉条数										
粗齿锉	I	14	12	11	10	9	8	7	6	5.5	0.5~1.0	12.5
中齿锉	II	20	18	16	14	12	11	10	9	8	0.2~0.5	6.6~12.5
细齿锉	III	28	25	22	20	18	16	14	14	—	0.1~1.2	3.2~6.3
粗油光锉	IV	40	36	32	28	25	22	20	—	—	0.05~0.1	6.3~3.2
细油光锉	V	56	50	45	40	36	32	—	—	—	0.02~0.05	0.8~1.6

2. 选择锉刀的截面形状

根据工件表面的形状确定锉刀的截面形状。锉刀的断面形状应根据被锉削零件的形状来选择，使两者的形状相适应，如图 5-1-3 所示。锉削内圆弧面时，要选择半圆锉或圆锉（小直径的工件）；锉削内角表面时，要选择三角锉；锉削内直角表面时，可以选用扁锉或方锉。选用扁锉锉削内直角表面时，要注意使锉刀没有齿的窄面（光边）靠近内直角的一个面，以免碰伤该直角表面。

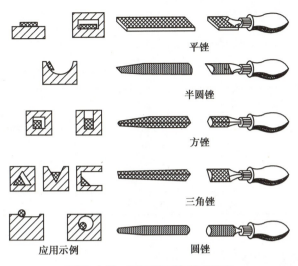

图 5-1-3 不同截面的锉刀用法

3. 选择单、双齿纹

锉刀齿纹要根据被锉削工件材料的性质来选用。锉削铝、铜、软钢等软材料工件时，最好选用单齿纹（铣齿）锉刀。单齿纹锉刀前角大，楔角小，容屑槽大，切屑不易堵塞，切削刃锋利，如图 5-1-4 所示。锉刀上有两个方向排列的齿纹称为双齿纹，如图 5-1-5 所示。浅的齿纹是底齿纹；深的齿纹是面齿纹。齿纹与锉刀中心线之间的夹角称为齿角。面齿角制成 65°，底齿角制成 45°，面齿角与底齿角不相同，许多锉齿沿锉刀中心线方向形成倾斜和有规律的排列，这样可使锉出的锉痕交错而不重叠，表面比较光滑，如图 5-1-5（a）所示。如果面齿角与底齿角相同，则许多锉齿沿锉刀中心线平行地排列，锉出的表面就要产生沟纹，而得不到光滑的效果，如图 5-1-5（b）所示。双齿纹锉刀由于锉削时切屑是碎断的，因此锉削硬材料（如钢铁）时比较省力，应优先选用。

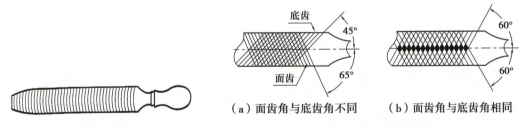

图 5-1-4 单齿纹锉刀图　　　　　图 5-1-5 双齿纹锉刀

4. 选择锉刀的尺寸规格

锉刀尺寸规格应根据被加工工件的尺寸和加工余量来选用。加工尺寸大、余量大时，要选用大尺寸规格的锉刀；反之，要选用小尺寸规格的锉刀。普通锉刀的尺寸规格，圆锉以其断面直径表示，方锉以其边长表示，其他锉刀以锉身长度表示。异形锉和整形锉的尺寸规格是指锉刀全长。

5. 钳工锉刀手柄的装拆方法

锉刀手柄的装拆见表 5-1-3。

表 5-1-3　锉刀手柄的装拆

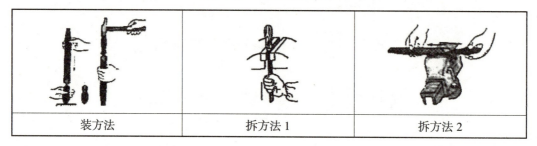

装方法	拆方法 1	拆方法 2

三、锉削的技能要领

1. 锉刀的握法

锉削的技能
要领和工件
的装夹

锉刀的握法掌握得正确与否，对锉削质量、锉削力量的发挥和操作者的疲劳程度都有一定的影响。锉刀的大小和形状不同，锉刀的握法也不同，如图 5-1-6 所示。

（1）比较大锉刀的握法（250 mm 以上）

用右手握锉刀柄，柄端顶住掌心，大拇指放在柄的上部，其余手指满握锉刀柄，左手的姿势可以有 3 种，如图 5-1-6（a）、（b）所示。

（2）中锉刀的握法（200 mm 左右）

右手的握法与大锉刀的握法一样，左手只需要用大拇指和食指、中指轻轻扶持即可，不必像大锉刀那样施加很大的力量，如图 5-1-6（c）所示。

（3）较小锉刀的握法（150 mm 左右）

需要施加的力量较小，两手的握法有所不同，如图 5-1-6（d）所示。这样的握法

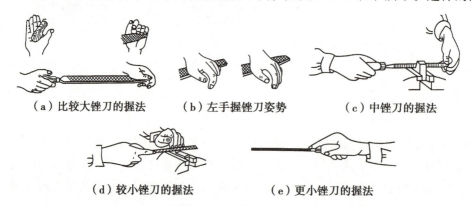

（a）比较大锉刀的握法　　　（b）左手握锉刀姿势　　　（c）中锉刀的握法

（d）较小锉刀的握法　　　（e）更小锉刀的握法

图 5-1-6　锉刀的握法

不易感到疲劳，锉刀较平稳。

（4）更小锉刀（整形锉刀）的握法（150 mm以下）

只要用一只手握住即可，如图5-1-6（e）所示。用两只手握反而不方便，甚至可能压断锉刀。

2. 工件的装夹

工件的装夹是否正确，直接影响锉削质量的高低。装夹工件应符合下列要求：

①工件尽量夹持在台虎钳钳口宽度方向的中间。锉削面靠近钳口，以防锉削时产生振动。

②装夹要稳固，但用力不可太大，以防工件变形。

③工件伸出钳口不要太多，以免锉削时工件产生振动。

④装夹已加工表面和精密工件时，应在台虎钳钳口衬上紫铜皮或铝皮等软的衬垫，以防夹坏表面。

⑤表面形状不规则的工件，夹持时要加衬垫。例如，夹圆形的工件时要衬V形铁或弧形木块；夹较长的薄板工件时用两块较厚的铁板夹紧后，再一起夹入钳口。露出钳口要尽量少，以免锉削时抖动。

3. 锉削姿势及动作过程

锉削姿势及动作要领

正确的锉削姿势（图5-1-7）能够减轻疲劳，提高锉削的质量和效率，人的站立姿势如下（表5-1-4）：

①两脚立正面对虎钳，端平锉刀，锉刀尖部能搭放在工件上，然后迈出左脚，右脚尖到左脚跟的距离约等于锉刀长度，左脚与虎钳中线形成约30°角，右脚与虎钳中线形成约75°角，身体与钳口呈45°角。双手端平锉刀，左腿弯曲，右腿伸直，身体重心落在左脚上，两脚要始终站稳不动，要保持锉刀的平直运动。

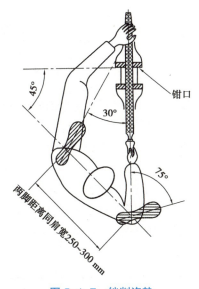

图5-1-7　锉削姿势

②推进锉刀时两手加在锉刀上的压力要保持锉刀平稳，不上下摆动；锉削时要有目标，不能盲目地锉，锉削过程中要用量具勤检查锉削表面，做到要锉的地方必须锉下铁屑。

③开始锉削时，身体向前倾斜约10°，左肘弯曲，右肘向后。锉刀推至1/3行程时，身体向前倾斜约15°，使左腿稍弯曲，左肘稍直，右臂前推。

④锉刀推至2/3行程时，身体逐渐倾斜到18°左右，使左腿继续弯曲，左肘渐直，右臂向前推进。锉刀将至满行程时，身体随着锉刀的反作用退回到约15°的位置。

⑤终止时，把锉刀略抬高，使身体和锉刀退回到开始时的姿势，完成一次锉削动作，如此反复锉削。锉削时，靠左膝的屈伸使身体做往复运动，手臂和身体的运动要相互配合，要充分利用锉刀的有效全长。

表 5-1-4　锉削姿势全过程

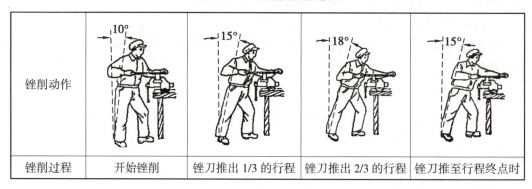

锉削动作				
锉削过程	开始锉削	锉刀推出 1/3 的行程	锉刀推出 2/3 的行程	锉刀推至行程终点时

锉削时，锉刀的平直运动是锉削的关键。锉削的力有水平推力和垂直压力两种。推动主要由右手控制，其大小必须大于锉削阻力才能锉去切屑，压力是由两只手控制的，其作用是使锉齿深入金属表面。锉削力矩的平衡如图 5-1-8 所示。

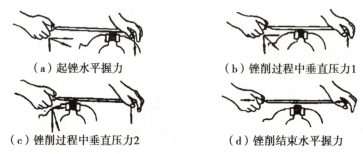

（a）起锉水平握力　　　　　　　（b）锉削过程中垂直压力1

（c）锉削过程中垂直压力2　　　　（d）锉削结束水平握力

图 5-1-8　锉削力矩的平衡

由于锉刀两端伸出工件的长度随时都在变化，因此两手压力大小必须随着变化，使两手的压力对工件的力矩相等，这是保证锉刀平直运动的关键。锉刀运动不平直，工件中间就会凸起或产生鼓形面。锉刀压力大小变化过程见表 5-1-5。

表 5-1-5　锉刀压力大小变化过程

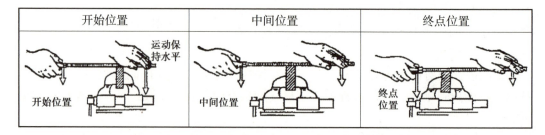

开始位置	中间位置	终点位置

锉削速度一般为 30~60 次 /min（一般为 40 次 /min）。太快，操作者容易疲劳，且锉齿易磨钝；太慢，切削效率低。

4. 锉削口诀

左腿弯曲右腿蹬，身体微微向前倾；

加压推锉平又稳，身臂回锉同步行；

回程收锉莫用力，测查锉面同修正；

锉削要领掌握好，再锉如述反复行。

◆ **任务实施**

一、任务准备

①进入钳工实训车间穿安全着装。
②强调锉削加工时的安全注意事项。

二、技能训练步骤

①认知锉刀的种类及其选择。
②锉削的技能要领及工件的装夹。
③锉削时锉削姿势及动作过程。
④牢记钳工文明生产操作规程。

三、注意事项及安全文明生产

①不同的锉具有不同的形状、尺寸和齿距，应根据加工要求选择合适的锉刀。
②锉削时应控制力度，避免过度施力，以免损坏工件或锉刀。
③锉削时应保持锉面清洁，避免金属铁屑和灰尘堆积在锉齿上，影响锉削效果。
④锉削时应按照一定的顺序进行，先用粗锉去除大量金属，再用细锉刀进行精加工。
⑤锉削后应定期检查锉刀的状态，包括锉齿的磨损程度、锉面的平面度等。

◆ **任务检测**

检测项目及评分标准

班级：　　　　　　　　姓名：　　　　　　　　成绩：

序号	质量检查内容	配分/分	评分标准	检测记录	得分/分
1	锉削的概念及应用场合	20	作业形式完成		
2	锉刀的种类及其选择	10	作业形式完成		
3	锉削的技能要领及工件的装夹	20	作业形式完成		
4	锉削的锉削姿势及动作过程	40	作业形式完成		
5	安全文明生产	10	安全文明考试		
	总分	100	合计		

学习拓展

锉削时要注意通过两手压力的变化来达到力矩的平衡以使锉刀平行运动，锉削既是技能的训练，又是意志力的磨砺，关键是以正确的动作和姿势去训练，否则会造成"耗尽九州铁，铸成一把锉（错）"的后果。技能是功夫的体现，而锉削功夫就是力的巧妙运用。同学们，做事要有耐心，要有吃苦耐劳、一丝不苟的工匠精神。

任务二　锉削正方体

◆任务描述

钳工车间李师傅接到技术部门安排的锉削一正方体（图5-2-1）的任务。按照图纸要求，李师傅分析了加工工艺及操作安全注意事项后，拟订了锉削步骤，进行了锉削加工并完成任务。

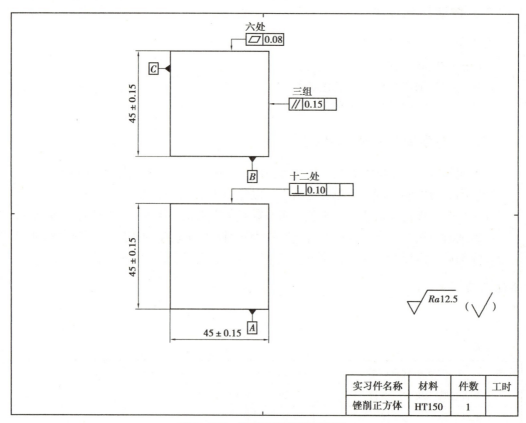

图 5-2-1　锉削正方体的零件图

实习件名称	材料	件数	工时
锉削正方体	HT150	1	

◆知识准备

用锉刀对工件表面进行切削的加工方法称为锉削。锉削一般是在錾削、锯削之后对工件进行的精度较高的加工，其精度可达 0.01 mm，表面粗糙度 Ra 值可达 0.8 μm，平面锉削是锉削的基础技能，是练好曲面锉削的前提条件。

一、平面锉削

1. 平面锉削的方法

平面锉削是最基本的锉削，常用以下 3 种方式锉削（表5-2-1）。

表 5-2-1　平面的 3 种锉削方式

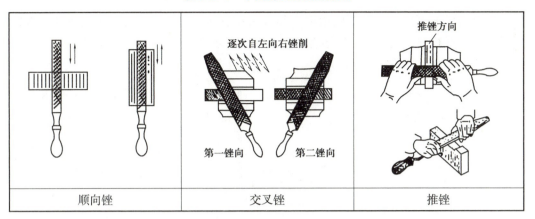

顺向锉	交叉锉	推锉

（1）顺向锉

顺向锉是最普通的锉削方法，不大的平面和最后锉光都用这种方法。顺向锉可得到正直的锉痕，比较整齐、美观。

（2）交叉锉

交叉锉时锉刀与工件的接触面增大，锉刀容易掌握平稳。同时，从锉痕上可以判断出锉削面的高低情况，容易把平面锉平。交叉锉进行到平面将锉削完成之前，要改用顺向锉法，使锉痕变得正直。

（3）推锉

推锉一般用来锉削狭长的平面，或在用顺向锉法锉刀推进受阻碍时采用。推锉法不能充分发挥手的力量，切削效率不高，只适应在加工余量较小和修正尺寸时应用。

2. 锉刀的运动方法

对加工比较宽大的平面，锉削时，锉刀要逐渐平移，具体方法如图 5-2-2 所示。

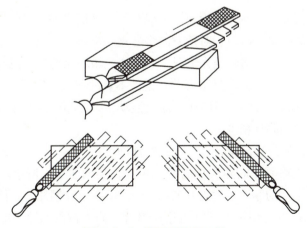

图 5-2-2　锉刀的运动方法

3. 锉削平面质量的检查

检查平面的直线度和平面度用钢尺和直角尺以透光法来检查，要多检查几个部位并进行对角线检查，或者以刀口形直尺（或者配合塞尺）检查。

①角尺检查，如图 5-2-3 所示。

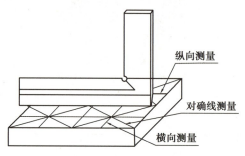

图 5-2-3　角尺检查平面度

②刀口形直尺检查，如图 5-2-4 所示。

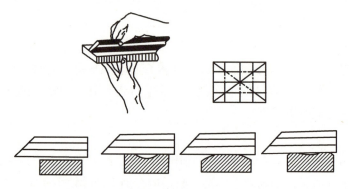

图 5-2-4　锉削平面度检查方法（透光法）

③用塞尺检查（又称厚薄尺检查），如图 5-2-5 所示。

注意：

①刀口尺要垂直放在工件表面检测，视线与加工平面平齐。

②应在加工面的纵向、横向、对角方向多处逐一进行。

③观察刀口与加工面之间的透光情况。如果透光微弱而均匀，说明该方向是直的，如果透光强弱不一，说明该方向是不直的。记住不直的部位，便于下一次锉削。

④改变检测位置时，刀口尺不能在平面上拖动，应提起后再轻放到另一检查位置。否则会加剧刀口磨损而降低精度。

⑤检测完毕，记住需锉部位，进行下一次锉削。

塞尺是用其厚度来测量间隙大小的薄片量尺，如图 5-2-6 所示。它是一组厚度不等的薄钢片。塞尺钢片的厚度一般为 0.02~1 mm，印在每片钢片上。使用时根据被测间隙的大小选择厚度接近的钢片（可以用几片组合）插入被测间隙。能塞入钢片的最大厚度即为被测间隙值。使用塞尺时必须先擦净尺面和工件，组合成某一厚度时选用的片数越少越好。另外，塞尺插入间隙不能用力太大，以免折弯尺片。

图 5-2-5　用塞尺测量平面度误差值

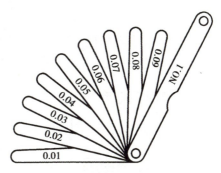

图 5-2-6　塞尺

二、垂直面的锉削

1. 锉好基准面

先需锉削好长方体的一个基准面（一般是较大的表面），达到平面度要求后，再结合划线，依次进行相邻表面锉削加工，并随时做好角尺检查。

2. 检查垂直度

用直角尺采用透光法检查，检查前先将工件的锐边倒棱，再将角尺尺座基面贴紧工件基准面，然后从上到下轻轻移动，使角尺刀口与被测量表面接触，根据透光情况对其表面进行检查。检查时，角尺不可倾斜，否则，测量不准确。同时，在同一平面上测量不同的位置时，角尺不可拖动，以免造成角尺磨损，如图 5-2-7 和图 5-2-8 所示。

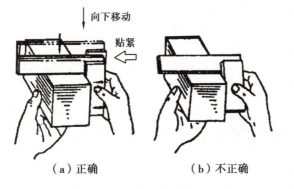

（a）正确　　　　　（b）不正确

图 5-2-7　垂直度检查方法

图 5-2-8　垂直度质量好坏判断

三、平行面的锉削

1. 加工一组垂直面

加工出一组合格的垂直面后，就可以粗精加工基准面的对面，可先用划线高度尺划线，先粗加工，预留 0.15 mm 左右的精加工余量，再用细齿锉刀加工至尺寸公差要求。锉削加工时注意基准面的保护，最好垫上软钳口，以免基准面精度下降影响后续表面的加工质量。

2.检查尺寸

锉削加工的同时，根据尺寸精度用钢尺、游标卡尺或千分尺测量尺寸精度。注意在不同位置多测量几次。

四、检查表面粗糙度

一般用眼睛观察即可，也可用表面粗糙度样板进行对照检查。

五、锉削时的注意事项

①进行锉削练习时，要保持锉削姿势正确，随时纠正不正确的姿势和动作。

②为保证加工表面光洁，在锉削钢件时，必须经常用钢丝刷清除嵌入锉刀齿纹内的锉屑，并在齿面上涂上粉笔灰。

③在加工时要防止片面性，要保证工件的全部表面达到精度要求。

④测量时要先将工件倒钝锐边，去毛刺，保证测量的准确性。

⑤锉刀柄要装牢，不准使用锉刀柄有裂纹的锉刀和无锉刀柄的锉刀。

⑥不准用嘴吹锉屑，也不准用手清理锉屑。

⑦锉刀放置时不得露出钳台边。

⑧夹持工件已加工表面时，应使用保护垫片，较大工件要加木垫。

◆ **任务实施**

一、任务准备

①分析图纸，认真读懂任务图（图5-2-9）。

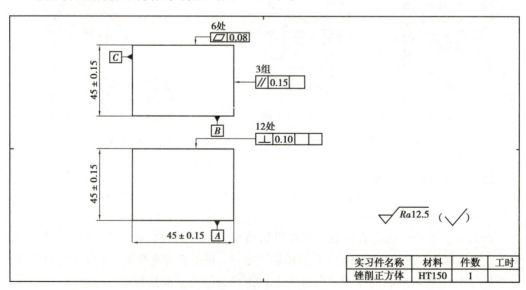

图 5-2-9　零件图

②准备刀具、工量具。锉刀、游标卡尺、直角尺、塞尺、平板尺、高度游标卡尺等。

二、操作步骤

①锉削 A 面，以 A 面为基准，划出对应面的加工线，锉削并达到平面度、平行度和尺寸公差要求。

②以 A 面为基准，锉削 B 面并达到垂直度、平面度要求。

③以 B 面为基准，划出对应面的加工线，锯割、锉削并达到平面度、平行度和尺寸公差要求。

④以 A 和 B 面为基准，划出垂直基准面 C 的加工线，锉 C 面并达到垂直度、平面度要求。

⑤以 C 面为基准，锯锉对应面并达到尺寸和形位公差要求。

⑥工件表面粗糙度 Ra 为 12.5。3 个基准面相互垂直，垂直度达到 0.1，去毛刺，自检。

三、注意事项及安全文明生产

①不使用无柄或柄已裂开的锉刀，防止刺伤手腕。

②不能用嘴吹铁屑，防止铁屑飞进眼里。

③锉削过程中不要用手抚摸锉面，以防锉削时打滑。

④锉面堵塞后，用铁刷顺着齿纹方向刷去铁屑。

⑤锉刀放置时不应伸到钳工台以外，以免碰落砸伤脚。

⑥锉平面采用交叉锉，最后必须顺向锉，锉纹顺向一致，整齐美观，表面粗糙度 Ra 达到 12.5。

◆ **任务检测**

检测项目及评分标准

班级：　　　　　　　　　姓名：　　　　　　　　　成绩：

序号	质量检查内容	配分/分	评分标准	检测记录	得分/分
1	尺寸（45±0.15）mm	24	一处超差扣 8 分		
2	垂直度 0.1 mm	24	一处超差扣 2 分		
3	平行度 0.15 mm	15	一处超差扣 5 分		
4	平面度 0.08 mm	18	一处超差扣 3 分		
5	Ra12.5	13	一处超差扣 2 分		
6	锉削姿势正确	6	按正确程度给分		
7	安全文明生产	只扣分，最高不超过 10 分	工具的使用和操作姿势不正确扣 1~5 分，出现重大安全事故扣 5~10 分		
	总分	100	合计		

学习拓展

锉削加工一般是在錾削、锯削之后对工件进行的精度较高的加工，锉削是钳工的三大基本功之一，是钳工的核心技能，锉削技能掌握的好坏直接决定了钳工技能水平的高低。同学们，在以后的工作中要养成不断总结知识的习惯，精益求精，树立质量第一的观念。

习 题

一、填空题

1._____是指用锉刀对工件表面进行切削加工，使工件达到所要求的尺寸、形状和表面粗糙度的加工方法。

2.锉刀用_____钢制成，经热处理后其切削部分的硬度达_____HRC。

3.锉刀齿的粗细要根据加工工件_____、_____、_____来选择。

4.锉削时，用_____检查工件的平面度误差，用游标卡尺或千分尺检验工件的_____，用_____检查工件的垂直度误差。

5.选择锉刀的一般原则：一是根据_____和_____选择锉刀的形状和规格；二是根据_____、_____、_____和_____选择锉刀的粗细。

6.普通锉刀按其截面形状不同，分为_____锉、_____锉、_____锉、_____锉和_____锉 5 种。

二、选择题

1.圆锉刀的规格是用锉刀的（   ）尺寸来表示的。

A.长度　　　　　　　B.直径　　　　　　　C.半径

2.锉削精度可达（   ）mm，表面粗糙度 Ra 可达（   ）μm。

A.0.1；1.25　　　　　B.0.01；0.8　　　　　C.0.02；0.08

3.平锉、方锉、三角锉和半圆锉属于（   ）。

A.异形锉　　　　　　B.整形锉　　　　　　C.普通锉刀　　　　　D.大锉刀

4.适用于最后锉光和锉削不大的平面的锉削方法是（   ）。

A.交叉锉　　　　　　B.顺向锉　　　　　　C.推锉

5.锉刀的主要工作面指的是其（   ）

A.上下两面　　　　　B.两个侧面　　　　　C.全部表面

6.锉削应用范围为（   ）。（多选）

A.内外平面　　　　　　　　　　　　　B.内外曲面

C.内外角　　　　　　　　　　　　　　D.沟槽及各种复杂形状的表面

7.锉刀按用途不同主要分为（   ）。（多选）

A.圆锉　　　　　　　　　　　　　　　B.普通锉（或称钳工锉）

C. 特种锉　　　　　　　　　　　　　D. 整形锉（或称什锦锉）

8. 平面锉削方法有（　　　）。（多选）

A. 顺向锉法　　　　B. 逆向锉法　　　　C. 交叉锉法　　　　D. 推锉法

三、判断题

1. 锉削过程中，两手对锉刀压力的大小应保持不变。　　　　　　　　（　　）

2. 锉削余量大时在锉削的前阶段可用顺向锉。　　　　　　　　　　　（　　）

3. 锉刀要防水防油，及时清除锉纹上的锉屑。　　　　　　　　　　　（　　）

4. 新锉刀在使用时应先用一个面，待其用钝后再使用另一面。　　　　（　　）

5. 为观察锉削情况，应不断地用嘴吹去和用手擦去工件表面的锉屑。　（　　）

6. 选择锉刀的尺寸规格时，仅仅取决于加工余量的大小。　　　　　　（　　）

7. 由于使用单齿纹锉刀省力，因此可用其锉削较硬的材料。　　　　　（　　）

8. 锉削回程时应加以较小的压力，减少锉齿的磨损。　　　　　　　　（　　）

9. 推锉一般用来锉削狭长的表面。　　　　　　　　　　　　　　　　（　　）

10. 锉削技能掌握的好坏直接决定了钳工技能水平的高低。　　　　　　（　　）

项目六
金属钻削

◆ **项目概述**

  无论什么机器，从制造每个零件到最后装配成机器，几乎都离不开孔，这些孔加工的方法有很多，如铸、锻、车、镗、磨，在钳工中孔加工方法有钻、扩、铰、锪等。选择不同的加工方法所得到的孔的精度和表面粗糙度不同。合理地选择加工方法有利于降低成本，提高工作效率。钻削是加工孔的一种基本方法，本项目共分为两个任务：任务一是认知钻削；任务二是孔加工。通过任务的学习，让同学们认识钻削的作用，学会孔加工的基本操作。

◆ **项目目标**

【知识目标】

1. 能讲出常用的钻床。

2. 能讲出钻削的运动构成。

3. 能讲出麻花钻的组成和切削部分的构成。

4. 能讲出各种孔加工的方法和注意事项。

【能力目标】

1. 能正确刃磨出标准麻花钻。

2. 能根据公式计算选择钻床转速。

3. 能按要求操作工作场地台式钻床，进行一般孔的钻削加工并保证质量。

【素养目标】

1. 培养学生一丝不苟的工匠精神。

2. 有较强的质量意识和团队意识。

3. 培养学生的规范意识，懂得钻削的安全操作规范。

任务一　认知钻削

◆**任务描述**

钳工车间张师傅给实习学生布置了一项任务，要求每人完成一把麻花钻的刃磨，并提醒大家，先学习钻削的相关知识，然后再完成标准麻花钻的刃磨。

◆**知识准备**

一、认识钻削

认识钻削

各种零件的孔加工，除一部分由普通车床、镗床、铣床、数控铣床加工中心等完成外，另一部分则是由钳工利用钻床和钻孔工具（钻头、扩孔钻、锪孔钻、铰刀等）完成的。钳工加工孔的方法一般指钻孔、扩孔和铰孔。用钻头在实体材料上加工出孔的方法称为钻孔。在钻床上钻孔时，一般情况下，钻头应同时完成两个运动：主运动，即钻头绕轴线的旋转运动（切削运动）；辅助运动，即钻头沿着轴线方向对着工件的直线运动（进给运动）。钻孔时，钻头结构上的缺点，使孔加工精度只能达到 IT14~11 级，表面粗糙度 Ra 为 50~12.5 μm，属于粗加工。钻削加工如图 6-1-1 所示。

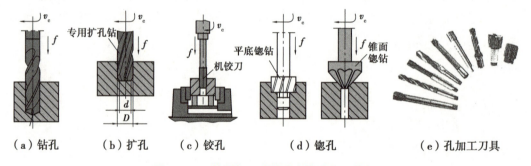

（a）钻孔　　　（b）扩孔　　　（c）铰孔　　　　（d）锪孔　　　　　（e）孔加工刀具

图 6-1-1　钻削加工（钻床上钻头和工件）

二、认识常用钻床

常用的钻床有台式钻床、立式钻床和摇臂钻床 3 种，手电钻也是常用的钻孔工具。

三、钻孔用的夹具

钻孔用的夹具主要包括钻头夹具和工件夹具两种。

认识钻孔用
的夹具

1. 钻头夹具

常用的钻头夹具有钻夹头和钻头套（又称钻套）。

（1）钻夹头

适用于装夹直柄钻头。钻夹头柄部是圆锥面，可与钻床主轴内孔配合安装；头部 3 个爪可通过紧固扳手转动使其同时张开或合拢，如图 6-1-2 所示。

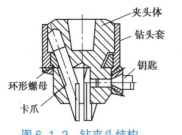

图 6-1-2　钻夹头结构

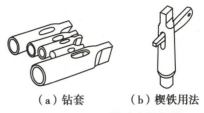

（a）钻套　　（b）楔铁用法

图 6-1-3　钻头套与楔铁

（2）钻头套与楔铁

钻头套是将钻头和钻床主轴连接起来的过渡工具，如图 6-1-3（a）所示。楔铁用来从钻套中取出钻头。使用时应该注意两点：一是楔铁带圆弧的一边一定要放在上面，否则会把钻床主轴套或钻套的长圆孔打坏；二是取出钻头时，要用手或其他方法接住钻头，以免落下时损坏钻床台面和钻头，如图 6-1-3（b）所示。

2. 工件夹具

常用的工件夹具有手虎钳、平口钳、V 形铁和压板等，如图 6-1-4 所示。装夹工件要牢固可靠，但不准将工件夹得过紧而使其受到损伤，或使工件变形而影响钻孔质量（特别是薄壁工件和小工件）。

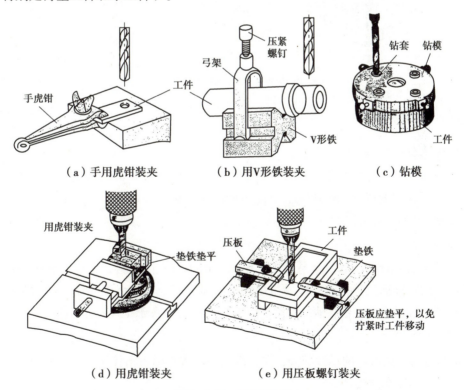

（a）手用虎钳装夹　　　　（b）用V形铁装夹　　　　（c）钻模

（d）用虎钳装夹　　　　（e）用压板螺钉装夹

图 6-1-4　工件的夹具

各类工件在钻床上的装夹方法如下：

①平整的工件用机床用平口虎钳装夹。装夹时，工件表面与钻头垂直，钻直径大

于 8 mm 的孔时，必须将平口虎钳用螺栓或压板固定，如图 6-1-5（a）所示。

②圆柱形工件可用 V 形架装夹。装夹时，应使钻头中心线与 V 形架两斜面的对称平面重合，如图 6-1-5（b）所示。还可用三爪自定心卡盘装夹，如图 6-1-5（f）所示。

③当工件较大且钻孔直径在 10 mm 以上时，可用压板和螺栓装夹工件。装夹时，压板和螺栓应尽量靠近工件表面，垫铁应比工件压紧表面的高度稍高，以保证对工件有较大的压紧力，当压紧已加工时，应垫上衬垫防止压伤工件，如图 6-1-5（c）所示。

④对地面不平或加工基准在侧面的工件，可用角铁进行装夹，并将角铁用压板固定在钻床工作台上，如图 6-1-5（d）所示。

⑤在小型工件或薄板件上钻小孔时，可将工件放置在定位块上，用手虎钳夹持，如图 6-1-5（e）所示。

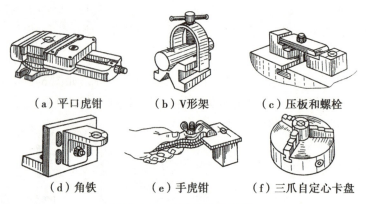

（a）平口虎钳　　（b）V形架　　（c）压板和螺栓

（d）角铁　　（e）手虎钳　　（f）三爪自定心卡盘

图 6-1-5　工件的装夹方法

四、认识麻花钻

1. 麻花钻的组成

麻花钻是钻孔用的工具，常用高速钢（W18Cr4V 或 W9Cr4V2）制成，工作部分经淬火热处理后硬度达 62~68 HRC。一般由柄部（也称装夹部分）、颈部及刀体（也称工作部分）组成，如图 6-1-6 所示。

（1）柄部

柄部是钻头的夹持部分，是钻头的尾部，用于与机床连接，以定心和传递动力。柄部有直柄和锥柄两种，直柄传递扭矩较小，一般用于直径小于 12 mm 的钻头；锥柄可传递较大扭矩（主要是靠柄的扁尾部分），用于直径大于 12 mm 的钻头。

（2）颈部

颈部是柄部和刀体的过渡部分，在磨制钻头时作为退刀槽使用。通常钻头的规格、材料和商标刻印在此处。

（3）刀体

刀体（工作部分）包括导向部分和切削部分。导向部分有两条狭长螺纹形状的刃带（棱边也即副切削刃）和螺旋槽。棱边的作用是引导钻头和修光孔壁；两条对称螺旋槽的作用是排除切屑和输送切削液（冷却液）。切削部分结构如图 6-1-7 所示，它有两条主切屑刃和一条横刃。两条主切屑刃之间通常为 118°±2°，称为顶角。

切削部分的六面五刃即两个前刀面、两个后刀面、两个副后刀面，两条主切削刃、两条副切削刃、一条横刃，如图 6-1-7 所示。

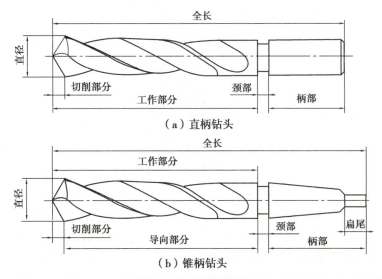

（a）直柄钻头

（b）锥柄钻头

图 6-1-6 麻花钻结构

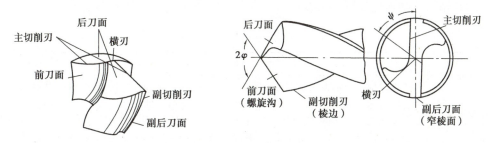

图 6-1-7 麻花钻切削部分结构

前刀面：前刀面即螺旋沟表面，是切屑流经表面，起容屑、排屑作用，需抛光以使排屑流畅。

后刀面：后刀面与加工表面相对，位于钻头前端，形状由刃磨方法决定，可为螺旋面、圆锥面和平面、手工刃磨的任意曲面。

副后刀面：副后刀面是与已加工表面（孔壁）相对的钻头外圆柱面上的窄棱面（棱带）。

主切削刃：主切削刃是前刀面（螺旋沟表面）与后刀面的交线，标准麻花钻主切削刃为直线（或近似直线）。

副切削刃：副切削刃是前刀面（螺旋沟表面）与副后刀面（窄棱面）的交线，即棱边。

横刃：横刃是两个（主）后刀面的交线，位于钻头的最前端，也称钻尖。

（4）辅助平面

①切削平面P_s。钻头主切削刃上选定点的切削平面P_s是由该点切削速度方向与该点切削刃的切线所构成的平面。由于主切削刃上各点的切削速度、方向不同，因此各点切削平面也不同，如图6-1-8所示。

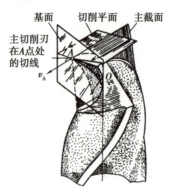

图6-1-8　麻花钻的辅助平面

②基面P_r。钻头主切削刃上选定点的基面P_r是过该点且垂直于该点切削速度的平面，如图6-1-8所示。由于主切削刃上各点切削速度、方向不同，因此各点的基面也不同，但基面总是通过钻头轴线并垂直于切削速度、方向的平面。

③主截面。主截面是指通过主切削刃上的任一点并垂直于切削平面和基面的平面。

麻花钻的切削角度如图6-1-9所示，各角度的作用及特点见表6-1-1。

表6-1-1　麻花钻切削角度的作用及特点

切削角度	作用及特点
螺旋角 β（图6-1-10）	钻头螺旋沟表面与外圆柱表面的交线为螺旋线，该螺旋线与钻头轴线的夹角称为钻头螺旋角，记为β。标准麻花钻的名义螺旋角一般为18°~30°，大直径钻头取大值。从切削原理角度出发，钻不同工件材料需要不同的螺旋角。例如钻青铜、黄铜时，$\beta=8°~12°$；钻紫铜、铝合金时，$\beta=35°~40°$；钻高强度钢、铸铁时，$\beta=10°~15°$
前角 γ_0	前角的大小决定着切除材料的难易程度和切屑与前面上产生摩擦阻力的大小。前角越大，切削越省力。主切削刃上各点前角不同，外缘处最大，可达$\gamma_0=30°$；自外向内逐渐减小，在钻心至$D/3$范围内为负值；横刃处$\gamma_0=-54°~60°$；接近横刃处的前角$\gamma_0=-30°$
主后角 α_0	主后角的作用是减少麻花钻后面与切削平面间的摩擦。主切削刃上各点的主后角也不同：外缘处较小，自外向内逐渐增大。直径$D=15~30$ mm的麻花钻，外缘处$\alpha_0=9°~12°$；钻心处$\alpha_0=20°~26°$；横刃处$\alpha_0=30°~60°$
顶角 2ϕ	顶角影响主切削刃轴向力的大小。顶角越小，轴向力越大，外缘处刀尖角ε越大，越利于散热和延长钻头使用寿命。在相同条件下，钻头所受转矩增大，切削变形加剧，排屑困难，不利于润滑。顶角的大小一般根据麻花钻的加工条件而定。标准麻花钻的顶角$2\phi=118°\pm2°$。顶角对主切削刃形状的影响如图6-1-11所示
横刃斜角 ψ	横刃斜角在刃磨钻头时自然形成，其大小与主后角有关。主后角大，则横刃斜角小，横刃较长。标准麻花钻的横刃斜角$\psi=50°~55°$

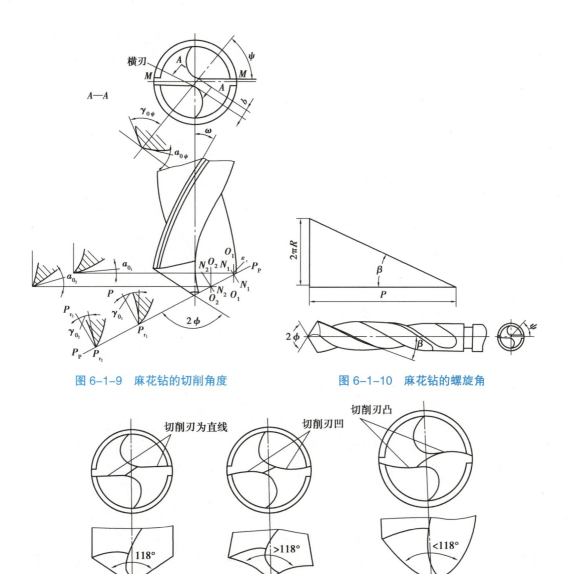

图 6-1-9　麻花钻的切削角度　　　　图 6-1-10　麻花钻的螺旋角

（a）切削刃为直线　　　（b）切削刃内凹　　　（c）切削刃外凸

图 6-1-11　顶角对主切削刃形状的影响

2. 标准麻花钻的特点

①横刃较长，横刃前角为负值。切削中，横刃处于挤刮状态，会产生很大的轴向抗力，同时横刃长了，定心作用不良，使钻头容易发生抖动。

②主切削刃上各点的前角大小不一样，使切削性能不同。靠近钻心处的前角是负值，切削处于挤刮状态。

③钻头的棱边较宽，又没有副后角，靠近切削部分的棱边与孔壁的摩擦比较严重，容易发热和磨损。

④主切削刃外缘处的刀尖角较小，前角很大，刀齿薄弱，而此处的切削速度又最高，产生的切削热最多，磨损极为严重。

⑤主切削刃长，而且全宽参加切削，各点切屑流出的速度相差很大，切屑卷曲成很宽的螺旋卷，所占体积大，容易在螺旋槽内堵塞，排屑不顺利，切削液不容易加注到切削刃上。

3. 标准麻花钻的刃磨和修磨方法

（1）麻花钻的刃磨要求

麻花钻的刃磨要求如图 6-1-12 所示。

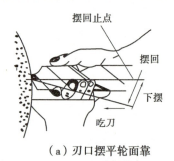

（a）刃口摆平轮面靠　　　　　　　　（b）钻轴斜放出锋角

图 6-1-12　麻花钻的刃磨

①顶角 2ϕ 为 $118° \pm 2°$。

②孔缘处的后角 α_0 为 $10° \sim 14°$。

③横刃斜角 ψ 为 $50° \sim 55°$。

④两主切削刃长度以及与钻头轴心线组成的两个角要相等。

⑤两个主后刀面要刃磨光滑。

标准麻花钻的
刃磨和修磨

（2）麻花钻的刃磨方法

①口诀一："刃口摆平轮面靠"。

这是钻头与砂轮相对位置的第一步，往往有学生还没有把刃口摆平就靠在砂轮上开始刃磨了。这样肯定是磨不好的。这里的"刃口"是主切削刃，"摆平"是指被刃磨部分的主切削刃处于水平位置。"轮面"是指砂轮的表面。"靠"是慢慢靠拢的意思。此时钻头还不能接触砂轮。

②口诀二："钻轴斜放出锋角"。

这里是指钻头轴心线与砂轮表面之间的位置关系。"锋角"即顶角 $118° \pm 2°$ 的一半，约为 $60°$。这个位置很重要，直接影响钻头顶角大小及主切削刃形状和横刃斜角。要记忆常用的一块 $30°$、$60°$、$90°$ 三角板中 $60°$ 的角度，以便于掌握。口诀一和口诀二都是指钻头刃磨前的相对位置，两者要统筹兼顾，不要为了摆平刃口而忽略了摆好斜角，或为了摆好斜放轴线而忽略了摆平刃口。在实际操作中会出现这些错误，此时钻头在位置正确的情况下准备接触砂轮。

③口诀三："由刃向背磨后面"。

这里是指从钻头的刃口开始沿着整个后刀面缓慢刃磨。这样便于散热和刃磨。在稳定巩固口诀一和口诀二的基础上，此时钻头可轻轻接触砂轮进行较少量的刃磨，刃磨时要注意观察火花的均匀性，要及时调整压力大小，并注意钻头的冷却。当冷却后重新开始刃磨时，要继续摆好口诀一和口诀二的位置，这一点在初学时不易掌握，常常会不由自主地改变其位置的正确性。

④口诀四："上下摆动尾别翘"。

这个动作在钻头刃磨过程中很重要，有学生在刃磨时把"上下摆动"变成了"上下转动"，使钻头的另一主刀刃被破坏。同时，钻头的尾部不能高翘于砂轮水平中心线以上，否则会使刃口磨钝，无法切削。

在上述4句口诀中的动作要领基本掌握的基础上，要注意钻头的后角，不能磨得过大或过小。可以用一支过大后角的钻头和另一支过小后角的钻头在台钻上试钻。过大后角的钻头在钻削时，孔口呈三边形或五边形，振动厉害，切屑呈针状；过小后角的钻头在钻削时轴向力很大，不易切入，钻头发热严重，无法钻削。通过比较、观察、反复地"少磨多看"试钻及对横刃的适当修磨，就能较快地掌握麻花钻的正确刃磨方法，较好地控制后角的大小。试钻时，钻头排屑轻快，无振动，孔径无扩大，则可以较好地转入其他类型钻头的刃磨练习。

（3）麻花钻的修磨方法

麻花钻的修磨方法如图 6–1–13 所示。

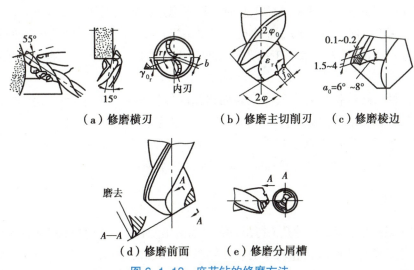

（a）修磨横刃　　　（b）修磨主切削刃　　　（c）修磨棱边

（d）修磨前面　　　（e）修磨分屑槽

图 6–1–13　麻花钻的修磨方法

①修磨横刃：把横刃磨短成 $b=0.5\sim1.5$ mm，使其长度等于原来的 1/3。

②修磨主切削刃：在钻头外缘处磨出过渡刃 $f_0=0.2d$。

③修磨棱边：在靠近主切削刃的一段棱边上，磨出副后角 $=6°\sim8°$。

④修磨前面：减少此处的夹角，避免扎刀现象。

⑤修磨分屑槽：磨出几条错开的分屑槽，有利于排屑。

五、钻削用量及其选择

（1）钻削用量

钻削用量包括三要素，即切削速度 V_c、进给量 f 及切削深度 a_p。

①切削速度 V_c 是指钻削时钻头切削刃上最大直径处的线速度，可计算为

$$V_c = \frac{\pi\, dn}{10\,000}$$

式中，d——钻头直径，mm；

n——钻头转速，r/min。

②进给量 f 是指主轴每转一转钻头对工件沿主轴轴线相对移动的距离，单位为 mm/r。

③切削深度 a_p 是指已加工表面与待加工表面之间的垂直距离，即次走刀所能切下的金属层厚度，$a_p=d/2$，单位为 mm。

（2）钻削用量的选择

钻削用量选择的目的，是在保证钻头加工精度和表面粗糙度的要求以及保证钻头有合理的使用寿命的前提下，使生产率最高，不允许超过机床的功率和机床、刀具夹具等的强度和刚度的承受范围。钻削时，由于背吃刀量已由钻头直径决定，所以只需选择切削速度和进给量。对钻孔生产率的影响，切削速度和进给量是相同的。对钻头寿命的影响，切削速度比进给量大。对孔的表面粗糙度的影响，进给量比切削速度大。钻孔时选择钻削用量的基本原则是在允许范围内，尽量先选择较大的进给量 f，当 f 的选择受到表面粗糙度和钻头刚性的限制时，再考虑选择较大的切削速度 V_c。

①切削深度。直径小于 30 mm 的孔一次要钻出直径 30~80 mm 的孔可分两次钻削，先用（0.5~0.7）d（d 为要求加工的孔径）的钻头钻底孔，然后用直径为 d 的钻头将孔扩大。

②进给量。孔的精度要求较高且表面粗糙度值较小时，应选择较小的进给量；钻较深孔、钻头较长以及钻头刚性、强度较差时，也应选择较小的进给量。

③钻削速度。当钻头直径和进给量确定后，钻削速度应按钻头的寿命选取合理的数值，一般根据经验选取。孔较深时，取较小的切削速度。

六、扩孔

扩孔用以扩大已加工出的孔（铸出、锻出或钻出的孔），它可以校正孔的轴线偏差，并使其获得正确的几何形状和较小的表面粗糙度，其加工精度一般为 IT9~IT10 级，表面粗糙度 Ra=25~6.3 μm。扩孔的加工余量一般为 0.2~4 mm。钻孔时，钻头的所有刀刃都参与工作，切削阻力非常大，特别是钻头的横刃为负的前角，而且横刃相对轴线总有不对称，由此引起钻头的摆动，使得钻孔精度很低。扩孔时只有最外周的刀刃参与切削，阻力大大减小，而且没有横刃，钻头可以浮动定心，扩孔的精度远远高于钻孔。扩孔时可用钻头扩孔，但当孔精度要求较高时常用扩孔钻，如图 6-1-14 所示。扩孔钻的形状与钻头相似，不同的是扩孔钻有 3~4 个切削刃，且没有横刃，其顶端是平的，螺旋槽较浅。

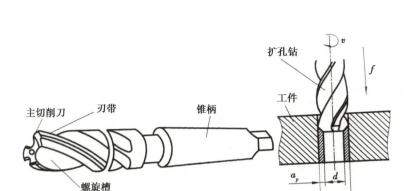

图 6-1-14　扩孔钻

扩孔钻的结构与麻花钻相比有以下特点：

①刚性较好。扩孔的背吃刀量小，切屑少，扩孔钻的容屑槽浅而窄，钻芯直径较大，增加了扩孔钻工作部分的刚性。

②导向性好。扩孔钻有 3~4 个刀齿，刀具周边的棱边数增多，导向作用相对增强。

③切屑条件较好。扩孔钻无横刃参加切削，切削轻快，可采用较大的进给量，生产率较高，切屑少，排屑顺利，不易刮伤已加工表面。扩孔与钻孔相比，加工精度高，表面粗糙度值较低，且可在一定程度上校正钻孔的轴线误差。此外，适用于扩孔的机床与钻孔相同。

七、铰孔

铰孔是指用铰刀从工件壁上切除微量金属层，以提高孔的尺寸精度和表面质量的加工方法。铰孔是应用较普遍的孔的精加工方法之一，其加工精度可达 IT9~IT6 级，表面粗糙度 Ra=3.2~0.8 μm。

1. 铰刀

铰刀是多刃切削刀具，有 6~12 个切削刃和较小顶角，铰孔时导向性好。铰刀刀齿的齿槽很宽，铰刀的横截面大，刚性好。铰孔时因为余量很小，每个切削刃上的负荷小于扩孔钻，且切削刃的前角 γ_0=0°，所以铰削过程实际上是修刮过程，特别是手工铰孔时，切削速度很低，不会受到切削热和振动的影响，提高了孔加工的质量。

铰刀一般分为整体圆柱形机铰刀和手铰刀、可调节的手铰刀、锥铰刀、螺旋槽手铰刀、硬质合金机用铰刀 5 类。手用铰刀的顶角较机用铰刀小，其柄为直柄（机用铰刀有锥柄和直柄两种）。铰刀的工作部分由切削部分和校准部分组成，如图 6-1-15 所示。

标准铰刀有 4~12 齿。铰刀的齿数除与铰刀直径有关外，主要根据加工精度的要求选择。齿数过多，刀具的制造、重磨都比较麻烦，而且齿间容屑槽减小会造成切屑堵塞、划伤孔壁及铰刀折断的后果。齿数过少，则铰削时的稳定性差，刀齿的切削负荷增大，容易产生几何形状误差。铰刀齿数选择见表 6-1-2。

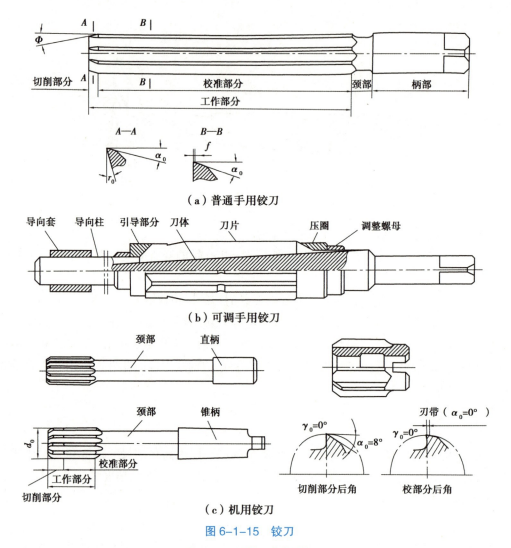

（a）普通手用铰刀

（b）可调手用铰刀

（c）机用铰刀

图 6-1-15 铰刀

表 6-1-2 铰刀齿数选择

铰刀直径 / mm		1.5~3	3~14	14~40	＞40
齿数	一般加工精度	4	4	6	8
	高加工精度	4	6	8	10~12

2. 手用铰刀铰孔的方法

①工件要夹正、夹紧，尽可能使被铰孔的轴线处于水平或垂直位置。对薄壁零件夹紧力不要过大，防止将孔夹扁铰孔后产生变形。

②手铰过程中，两手用力要平衡、均匀，防止铰刀偏摆，避免孔口处出现喇叭口或孔径扩大。

③铰削进给时不能猛力压铰杠，应一边旋转，一边轻轻加压，使铰刀缓慢、均匀地进给，保证获得较小的表面粗糙度。

④铰削过程中，要注意变换铰刀每次停歇的位置，避免在同处停歇而造成振痕。

⑤铰刀不能反转，退出时也要顺转，否则会使切屑卡在孔壁和后刀面之间，将孔壁刮伤，铰刀容易磨损，甚至崩刃。

⑥铰削钢料时，切屑碎末易黏附在刀齿上，应注意经常退刀清除切屑，并添加切削液。

⑦铰削过程中发现铰刀被卡住，不能猛力扳转铰杠，防止铰刀崩刃或折断，而应及时取出铰刀，清除切屑和检查铰刀。继续铰削时要缓慢进给，防止在原处再次被卡住。

3. 机用铰刀的铰削方法

使用机用铰刀铰孔时，除注意手铰时的各项要求外，还应注意以下几点：

①要选择合适的铰削余量、切削速度和进给量。

②必须保证钻床主轴、铰刀和工件孔三者之间的同轴度要求。对高精度孔，必要时要采用浮动铰刀夹头来装夹铰刀。

③开始铰削时先采用手动进给，正常切削后改用自动进给。

④铰不通孔时，应经常退刀清除切屑，防止切屑拉伤孔壁；铰通孔时，铰刀校准部分不能全部出头，以免将孔口处刮坏退刀困难。

⑤在铰削过程中，必须注入足够的切削液，以清除切屑和降低切削温度。

⑥铰孔完毕，应先退出铰刀后再停车，否则孔壁会拉出刀痕。

4. 锥孔的铰削方法

小尺寸的圆锥孔，按"ϕ = 锥孔小端直径 − 精铰余量"钻削圆柱底孔，然后直接用锥铰刀铰削即可。对于孔径较大、尺寸较深的锥孔来说，需要先钻削出台阶孔，如图6-1-16（a）所示，再进行铰削。铰削过程中要不断用锥销进行检查，如图6-1-16（b）所示。

（a）钻削台阶孔

（b）锥销检查锥孔尺寸

图 6-1-16　锥孔的铰削

5. 铰削时切削液的选用方法

（1）切削液的种类性能及其作用

生产中经常使用的切削液大致分为以下三大类：

①水溶液。水溶液是以水为主要成分并加入防锈添加剂的切削液，起冷却、清洗作用。常用的有电解水溶液和表面活性水溶液。电解水溶液由 99% 的水、0.75% 的碳酸钠和 0.25% 的亚硝酸钠配制而成，用于磨削；表面活性水溶液由 94.5% 的水、4% 的肥皂和 1.5% 的无水碳酸钠配制而成，用于精车、精铣和铰孔。

②乳化液。乳化液是油与水的混合液体，根据油和水混合的比例不同，分为普通乳化液、极压乳化液和防锈乳化液。用 3%~5% 的乳化油加水稀释，形成低浓度乳化液，又称为普通乳化液，其冷却与清洗作用较强。在乳化油中加入硫、磷、氯等有机化合物，则形成极压乳化油，它能提高润滑膜耐受温度、压力的能力。用 5%~20% 的极压乳化油加水稀释形成极压乳化液，极压乳化液润滑作用较强。在普通乳化液的基础上加入 0.1% 的亚硝酸钠、磷酸三钠、尿素等防锈添加剂形成防锈乳化液，主要起防锈、冷却作用。

③切削油。切削油主要成分是矿物油，常用的有 L-AN7、LANI0、L-AN15、L-AN32、L-AN46 全损耗系统用油和轻柴油、煤油等，少数采用动物油或植物油，如豆油、菜籽油、棉籽油、蓖麻油等，此类切削液的比热小、黏度大、流动性差、润滑效果好。

（2）根据铰刀的使用状况选择切削液

铰刀在使用过程中会发生微小的变化。为增加刀具的使用寿命，新铰刀制造时总选最大极限尺寸。新铰刀的刀刃处于初期磨损阶段，刀齿有毛刺，开始使用铰刀时，先选用废料加水溶液，试铰 2~3 件，使刀刃的毛刺磨掉，避免划伤工件。进入正常铰削阶段，切削液选用浓度较小的乳化液，加入乳化液会增加刀具磨损的速度，用乳化液铰孔最多能加工 10 个孔，铰刀的尺寸就已达到孔径最大极限尺寸与最小极限尺寸的平均值，乳化液换成 L-AN15 全损耗系统用油再继续铰孔。当加工 100 个孔后，随铰刀磨损量的增加，铰刀尺寸逐渐减小，达到孔径最小极限尺寸，此时采用 L-AN32 全损耗系统用油进行铰削。当铰刀磨损到稍小于工件孔径最小极限尺寸时，采用 L-AN15 全损耗系统用油 50% 和豆油 50% 的混合油进行铰孔，此类切削液可使孔径扩大 0.02 mm，以保证精度，延长刀具寿命，提高生产效率。

（3）根据工件的材料选用切削液

零件材料不同，其力学性能和工艺性能也不同，铰孔时，必须根据工件材料的不同性能特点，选用合适的切削液。

①铰削中碳钢和合金钢时，中碳钢和合金钢有良好的切削加工性能，加工时不会产生大量的切削热，切屑不易变形折断，刀具不易磨损。选用切削液时，主要采用润滑为主、冷却为辅的切削液以达到减小工件的表面粗糙度值的目的。低速铰孔时，选浓度大的硫化乳化液；中速铰削时，选用硫化油与煤油的混合液，增加润滑性。

②铰削不锈钢时，不锈钢材料的导热性差、高温强度大、切屑易黏刀、刀具磨损快等特点，选用切削液要以降低温度清洗切屑为主。将 3% 的亚硝酸钠加 2% 的碳酸钠用少量热水混合，然后将 1% 的 L-AN46 全损耗系统用油加 0.5% 的乙醇合在一起后用适量的水稀释，这样配成的乳化油铰削不锈钢效果很好。

③铰削铸铁时，由于铸铁中石墨的存在对基体起着割裂作用，铸铁的强度塑性和韧性很差，但硬度和脆性很大，且表面有细小的裂纹和针孔，加工中易形成崩碎切屑，不需要冷却，润滑效果也不明显，因此，铰铸铁孔时，不加切削液，如能一孔重复铰削两遍，可减小工件的表面粗糙度值，使工件表面粗糙度值减小到 Ra=3.2 μm。

④铰削黄铜时，黄铜由铜和锌元素组成，工业中一般所采用的黄铜含锌量不超过45%，其特点是塑性好、强度高、切削加工性好，铰削黄铜时需加以润滑为主的切削液。一般用黏度较大的菜油。

⑤铰削生铝，即铸造铝合金时，此类合金的塑性差强度低、脆性大，加工时，表面粗糙度值大，铰削时，加煤油或 30% 煤油与 70% 菜油的混合油，能减小工件的表面粗糙度值。

（4）根据工件的精度要求选择切削液

工件都有不同的精度要求，在铰孔时，切削液不同，会引起加工精度的变化。用同把铰刀铰孔，切削液的选择不同，铰出孔的孔径尺寸也不同。在实际加工中，加入切削油，铰出孔的尺寸比铰刀尺寸要大 0.01~0.015 mm；加入普通乳化液，铰出孔的尺寸比铰刀尺寸大 0~0.005 mm；加入水溶液，铰出的孔比铰刀尺寸小 0.005 mm。从以上的数据可得出：铰孔时，加切削油会使孔径胀大，加普通乳化液会使孔径稍微胀大，加水溶液会使孔径缩小。对尺寸精度要求很高的孔进行铰削时，一定要根据铰刀的尺寸合理选择切削液，保证必要的精度。

（5）根据工件的表面粗糙度要求选取不同切削液

铰孔时，切削液会影响工件表面粗糙度。加入浓度大的乳化液，工件内表面光洁如镜面，表面粗糙度值很小，Ra=0.8~1.6 μm；加入全损耗系统用油，工件表面颜色发乌，表面粗糙度比用乳化液稍差，Ra=1.6 μm；加入水溶液，工件表面粗糙度值最大，Ra=3.2 μm。当铰削表面要求很光洁的内孔时，加入极压乳化液作为切削液；表面粗糙度值较大时，用水溶液作为切削液；若粗糙度要求一般，选全损耗系统用油作为切削液。

八、锪孔

锪孔是用锪孔钻在预制孔的一端加工沉孔、锥孔、局部平面或球面等，以便安装螺钉头或垫圈等紧固件，或者使连接零件能齐平安装。锪孔如图 6-1-17 所示，锪孔时使用的刀具称为锪钻，一般用高速钢制造。加工大直径凸台断面的锪钻，可用硬质合金重磨式刀片或可转位式刀片，用镶齿或机夹的方法，固定在刀体上制成。

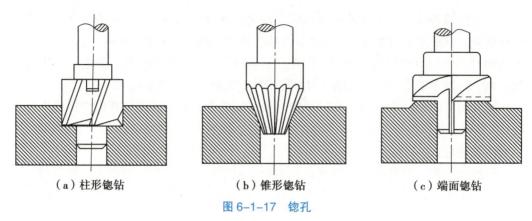

（a）柱形锪钻　　　　（b）锥形锪钻　　　　（c）端面锪钻

图 6-1-17　锪孔

1. 锪钻

锪钻分为柱形锪钻、锥形锪钻和端面锪钻 3 种。

（1）柱形锪钻

柱形锪钻是指锪圆柱形埋头孔的锪钻，如图 6-1-17（a）所示。柱形锪钻起主要切削作用的是端面刀刃。螺旋槽的斜角就是它的前角（$\gamma_0=\beta_0=15°$），后角 $\alpha_0=8°$。柱形锪钻前端有导柱，导柱直径与工件上的孔为紧密的间隙配合，以保证有良好的定心和导向。一般导柱是可拆的，也可把导柱和锪钻做成一体。

（2）锥形锪钻

锥形锪钻是指锪锥形沉孔的锪钻，如图 6-1-17（b）所示。锥形锪钻的锥角按工件沉孔锥角的不同分类，有 60°、75°、90°、120° 4 种，其中 90° 用得最多。锥形锪钻的直径为 12~60 mm，齿数为 4~12 个，前角 $\gamma_0=0°$，后角 $\alpha_0=4°$ ~6°。为了改善钻尖处的容屑条件，每隔一齿将刀刃切去一块。

（3）端面锪钻

端面锪钻主要用于加工大直径凸台端面、平整孔口端面、需要削平孔的外端面场合，能确保孔口与中心线垂直，如图 6-1-17（c）所示。

2. 锪孔方法

锪孔方法和钻孔方法基本相同。锪孔时存在的主要问题是刀具振动而使所锪孔口的端面或锥面产生振痕，使用麻花钻改制的锪钻时，振痕尤为严重。为了避免这种现象，在锪孔时应注意以下几点：

①锪孔时的切削速度应比钻孔低，一般为钻孔切削速度的 1/3~1/2。同时，由于锪孔时的轴向抗力较小，所以手进给压力不宜过大，并要均匀。精锪时，往往采用钻床停车后主轴惯性来锪孔，以减少振动而获得光滑表面。

②锪孔时，锪孔的切削面积小，标准锪钻的切削刃数目多，切削较平稳，进给量为钻孔的 2~3 倍。

③尽量选用较短的钻头来改磨锪钻，并注意修磨前面，减小前角，以防止扎刀和振动。用麻花钻改磨锪钻，刃磨时，要保证两切削刃高低一致、角度对称，保持切削

平稳。后角和外缘处前角要适当减小，选用较小后角，防止多角形，以减少振动，以防扎刀。同时，在砂轮上修磨后再用油石修光，使切削均匀平稳，减少加工时的振动。

④锪钻的刀杆和刀片，配合要合适，装夹要牢固，导向要可靠，工件要压紧，锪孔时不应发生振动。

⑤要先调整好工件的螺栓通孔与锪钻的同轴度，再夹紧工件。调整时，可旋转主轴试钻，使工件能自然定位。工件夹紧要稳固，以减少振动。

⑥为控制锪孔深度，用钻床上的深度标尺和定位螺母，做好调整定位工作。

⑦当锪孔表面出现多角形振纹等情况，应立即停止加工，并找出钻头刃磨等问题，及时修正。

⑧锪钢件时，切削热量大，要在导柱和切削表面加润滑油。

九、钻床安全文明操作规程

①操作前要穿紧身防护服，袖口扣紧，上衣下摆不能敞开，严禁戴手套，不得在开动的机床旁穿脱衣服或围布于身上，防止被机器绞伤。所有留长头发的同学必须先戴发网，再戴安全帽，不得穿裙子、拖鞋。

②钻孔前清理工作台。工作前对设备、工具、工装、夹具等进行全面检查，确认无误后方可使用。

③钻孔前要夹紧工件，一般要用台钳或压板将工件夹紧，固定可靠，不准用手握住工件钻孔。钻通孔时要加垫块或使钻头对准工作台的沟槽，防止钻头损坏工作台。

④通孔快被钻穿时，要减小进给量，以防产生扎刀和事故。

⑤松紧钻夹头应在停车后进行，且要用钥匙来松紧而不能敲击。当钻头要从钻头套中退出时要用斜铁敲出。

⑥钻床需变速时应先停车后变速。

⑦切屑的清除应用刷子和钩子，而不可用嘴吹和手拉，以防止切屑飞入眼中或将手划伤。

⑧遵守金属切削加工安全操作规程和电动工具安全操作规程。

⑨手不准触摸钻床和砂轮机的旋转部位。

⑩在机床旋转时，严禁翻转装夹工件和换挡变速。

⑪钻斜孔时，必须使用专用工装；加工薄板时，下面必须用铁块垫平。

⑫精铰深孔时，应尽量抬高钻杆；测量工件时，注意手不要碰到刀具。

⑬钻孔即将钻透时，必须停止自动走刀，用手轻压钻把，直至钻透。

⑭使用摇臂钻床钻孔时，摇臂必须锁紧，钻床及摇臂回转范围内要保持清洁，不准有障碍物和其他物品。在校夹或校正工件时，摇臂必须移离工件并升高，刹好车，必须用压板压紧或夹住工作物，以免回转甩出伤人。

⑮工作结束时，切断电源，清理机床和场地，填写设备使用记录。

◆任务实施

一、操作提示

①顶角 2ϕ 为 $118° \pm 2°$。

②孔缘处的后角 α_0 为 $10° \sim 14°$。

③横刃斜角 ψ 为 $50° \sim 55°$。

④两主切削刃长度以及与钻头轴心线组成的两个角要相等。

⑤两个主后刀面要刃磨光滑。

二、操作步骤

① "刃口摆平轮面靠"。

② "钻轴斜放出锋角"。

③ "由刃向背磨后面"。

④ "上下摆动尾别翘"。

⑤钻头刃磨压力不宜过大，并要经常蘸水冷却，以防止退火。

◆任务检测

检测项目及评分标准

班级：　　　　　　　　　　姓名：　　　　　　　　　　成绩：

序号	质量检查内容	配分/分	评分标准	检测记录	得分/分
1	顶角正确（118°±2°）	20	每超出1°扣2分		
2	主切削刃长度相等，呈直线	20	每差0.1 mm扣2分；非直线扣5分		
3	主切削刃与轴线的夹角相等	15	每差1°扣2分		
4	后角合理（10°~14°）	15	每超1°扣2分		
5	横刃斜角合理（50°~55°）	20	每超1°扣2分		
6	主后刀面光滑	10	根据粗糙程度扣1分并递加		
7	安全文明生产	只扣分，最高不超过10分	工具的使用和操作姿势不正确扣1~5分，出现重大安全事故扣5~10分		
	总分	100	合计		

学习拓展

　　钻削是孔加工的一项基本内容，需要用到多种钻床和刀具，认识并熟悉钻床和钻削刀具至关重要，其中刃磨麻花钻是最基本的技能。麻花钻的几何角度相对抽象，解读起来比较难懂，学起来有一定难度。要想熟练掌握，首先必须要牢记麻花钻构造的理论知识，其次必须要通过对实物的反复认真练习来掌握刃磨麻花钻的技能。这是一项较为漫长且枯燥乏味的练习过程，同学们要保持吃苦耐劳，勇于挑战的精神状态和不怕困难，沉得下心刻苦钻研的精神。

任务二 孔加工

◆**任务描述**

钳工车间张师傅接到技术主管安排制作一块样板（图 6-2-1）的任务。按照图纸要求，张师傅分析了加工工艺及操作安全注意事项后，把钻孔的工作交给在车间实习的王同学来完成。在张师傅指导下，王同学开始完成任务内容。

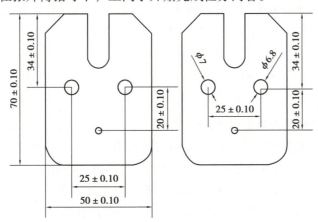

图 6-2-1 孔加工零件图

本次钻孔任务要用到的钻床是 Z4012 型台式钻床，其最大钻孔直径为 12 mm。

◆**知识准备**

一、钻孔前的准备

1. 准备工具

准备所需规格的麻花钻［$\phi 3$、$\phi 6.8$（螺纹底孔）和 $\phi 7$ mm（扩孔前钻底孔）］，将刃磨好的麻花钻装夹在钻床主轴上。直柄钻头用钻夹头夹持，首先将钻头柄塞入钻夹头的 3 个卡爪内，其夹持长度不能小于 15 mm；然后用钻夹头钥匙旋转外套，使环形螺母带动 3 个卡爪移动，做夹紧或放松动作。

2. 在 U 形板工件上按图样要求划出各孔的加工线

①按孔的位置尺寸要求划出孔位置的十字中心线，并在中心处打样冲眼，样冲眼要小，位置要准，然后按孔的大小划出孔的圆周线，如图 6-2-2（a）所示。

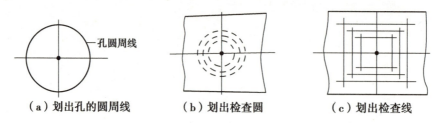

（a）划出孔的圆周线　　　（b）划出检查圆　　　（c）划出检查线

图 6-2-2　划孔的加工线

②钻直径较大的孔时，还应划出几个大小不等的检查圆，以便检查或校正钻孔位置，如图 6-2-2（b）所示。也可直接划出以中心线为对称中心的几个大小不等的方框，如图 6-2-2（c）所示，作为钻孔时的检查线，然后打上中心冲眼。

3. 装夹工件

在钻床上将工件装夹牢固，U 形板工件尺寸较小，可以直接装夹在机床用平口虎钳上。

二、钻孔

1. 起钻

钻孔时，先使钻头对准钻孔中心，钻出一个浅坑以观察钻孔位置是否正确，并不断校正。校正时，若偏位较少，可在起钻的同时用力将工件向偏位的反方向推移，达到逐步校正的目的。若偏位较多，可在校正方向打上几个中心眼或用油槽錾錾出几条槽，以减小此处的切削力，达到校正的目的，起钻方法如图 6-2-3 所示。无论用何种方法校正，都必须在锥坑圆小于钻头直径之前完成，这是保证达到钻孔位置精度的重要一环。如果起钻堆坑外圆已经达到孔径，而孔位仍有偏移，此时再校正就困难了。

注意：钻孔时要注意钻孔精度的检验。钻削前，应先进行试钻，用游标卡尺测量孔径，合适后再在工件上正式钻孔。若孔径大，应重新修磨钻头，直至合适为止。同时，应检查孔与孔、孔与定位基准面之间的尺寸是否符合图样要求。

2. 钻孔

当起钻达到钻孔的位置要求后，可压紧工件进行钻孔。手动进给钻孔时，进给力不宜过大，以防止钻头发生弯曲，使孔轴线歪斜，如图 6-2-4 所示。在钻小直径孔或深孔时，进给量要小，并经常退钻排屑，以防止切屑阻滞而卡断钻头。一般在钻孔深度达到直径的 3 倍时，一定要退钻排屑；孔将钻穿时，进给力必须减小，以防止进给量突然过大，增大切削抗力，使钻头折断，或使工件随着钻头转动而造成事故。

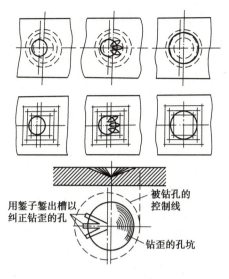

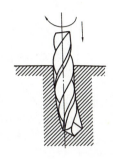

图 6-2-3　起钻方法　　　　　　图 6-2-4　钻孔时轴线歪斜

注意：钻孔时，为使钻头散热，减小摩擦，消除黏附在钻头和工作表面的积屑瘤，延长钻头使用寿命，提高所加工孔的表面质量，应加注足够的切削液。钻钢件时可用 3%~5% 的乳化液，钻不锈钢时可用 10%~15% 的乳化液，其他材料如铸铁、铜、铝及合金等不用切削液或用 5%~8% 的乳化液。

依次完成 $\phi 3$、$\phi 6.8$ 和 $\phi 7$ mm 孔的加工。

三、钻孔时可能出现的问题和产生的原因

钻孔时可能出现的问题和产生的原因见表 6-2-1。

表 6-2-1　钻孔时可能出现的问题和产生的原因

出现的问题	产生的原因
孔径大于规定尺寸	①钻头两条主切削刃长度不等，高低不一致； ②钻床主轴径向偏摆或工作台未锁紧，有松动； ③钻头本身弯曲或未装夹好，使钻头有过大的径向跳动现象
孔壁粗糙	①钻头不锋利； ②进给量太大； ③切削液选用不当或供应不足； ④钻头过短，排屑槽堵塞
孔位偏移	①工件划线不正确； ②钻头横刃太长，定心不准，起钻过偏而没有矫正
孔歪斜	①工件上与孔垂直的平面与主轴不垂直，或钻床主轴与工作台台面不垂直； ②装夹工件时，安装面上的切屑未清除干净； ③工件装夹不牢，钻孔时产生歪斜，或工件有砂眼； ④进给量过大，使钻头产生弯曲变形

续表

出现的问题	产生的原因
钻出孔呈多角形	①钻头后角太大； ②钻头两条主切削刃长短不一，角度不对称
钻头工作部分折断	①钻头用钝后仍继续钻孔； ②钻孔时未经常退钻排屑，使切屑在钻头螺旋槽内阻塞； ③孔将钻穿时没有减小进给量； ④进给量过大； ⑤工件未夹紧，钻孔时产生松动； ⑥在钻黄铜一类软金属时钻头后角过大，前角没有修磨小，造成扎刀现象
切削刃迅速磨损或碎裂	①切削速度太高； ②没有根据工件材料的硬度来调整刃磨钻头角度； ③工件表面或内部硬度高、有砂眼； ④进给量过大； ⑤切削液不足

◆任务实施

一、任务准备

1.分析图纸

读懂任务图，如图 6-2-5 所示，拟订钻孔工序。

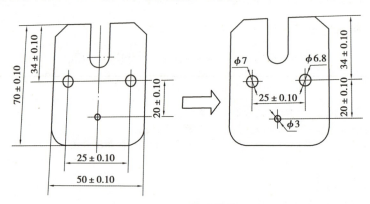

图 6-2-5　钻孔零件

2.准备工具

准备所需规格的麻花钻［φ3、φ6.8（螺纹底孔）和 φ7 mm（扩孔前钻底孔）］，将刃磨好的麻花钻装夹在钻床主轴上。另准备好直尺、划针、划规、样冲、边长为 400 mm 的白铁皮、榔头等工量具，有序摆放整齐。

二、技能训练步骤

孔的加工

①在 U 形板工件上按图样要求划出各孔的加工线，在孔中心先用冲头打出较大中心眼。

②装夹工件和钻头，直接装夹在机床用平口虎钳上，注意夹平。

③选择钻床转速。

④起钻，在孔中心先用冲头打出较大中心眼。

⑤钻孔，先钻一个浅坑，以判断是否对中。注意钻削时进行冷却润滑：钻削钢件时常用机油或乳化液；钻削铝件时常用乳化液或煤油；钻削铸铁时则用煤油。

⑥依次完成 $\phi 3$、$\phi 6.8$ 和 $\phi 7$ mm 孔的加工。

三、注意事项及安全文明生产

①用钻夹头装夹钻头时要用钻夹头钥匙，不可用扁铁和锤子敲击，以免损坏钻夹头和影响钻床主轴精度。装夹工件时，必须做好装夹面的清洁工作。

②钻孔时，手的进给压力应根据钻头的工作情况，以目测和感觉进行控制，在练习中应注意掌握。

③钻头用钝后必须及时修磨。

④操作钻床时禁止戴手套，袖口必须扎紧，女生必须戴工作帽。

⑤开动钻床前，应检查是否有钻夹头钥匙和斜铁插在主轴上。

⑥工件必须夹紧，通孔将要钻穿时，应由自动进给改为手动进给，并要尽量减小进给力。必须使钻头能通过工作台台面上的让刀孔，或在工件下面垫上垫铁，以免钻坏工作台台面。

⑦钻孔时不可用手、棉纱清除切屑，也不可用嘴吹，必须用毛刷清除；钻出长切屑时应用钩子钩断后清除；钻头上绕有长切屑时应停机清除，严禁用手拉或用铁棒敲击。

⑧操作者的头部不能与旋转着的主轴靠得太近，停机时应让主轴自然停止，不可用手刹住，也不能用反转制动。

⑨严禁在钻床运转状态下装卸工件、检验工件和变换主轴转速。

⑩使用立式钻床前必须先空转试车，在机床各机构都能正常工作时才可操作。

⑪需经常检查润滑系统的供油情况。钻床用完后必须将机床外露滑动面及工作台台面擦净，并对各滑动面及各注油孔加注润滑油。

◆**任务检测**

检测项目及评分标准

班级：　　　　　　　　　　姓名：　　　　　　　　　　成绩：

序号	质量检查内容	配分/分	评分标准	检测记录	得分/分
1	读图准确，孔数量及分布正确	20	每错一次扣2分		
2	孔的位置准确，公差 ±0.1 mm	25	一处超差扣2分		
3	孔径公差 ±0.1 mm	25	一处超差扣5分		
4	钻头完好度（钻头折断、迅速磨损、碎裂等）	10	一处损坏扣2分		
5	使用钻床，操作正确	10	发现一次不正确扣1分		
6	钻孔的质量（孔壁粗糙、孔歪斜等）	10	一处问题扣2分		
7	安全文明生产	只扣分，最高不超过10分	工具的使用和钻床操作不正确扣1~5分，出现重大安全事故扣5~10分		
	总分	100	合计		

学习拓展

- -

　　孔加工是钳工技术技能中的一项非常重要的基础技能，是钳工工作的重要内容之一。钻孔需要用到钻床，机器的运转对同学们提出了很高的使用要求，要求同学们必须拥有极高的规则意识和规范意识，以及认真细致的工作态度，这样才能保证高质、高效、安全的生产。

习　题

- -

一、填空题

　　1.钳工中的孔加工方法有_____、_____、_____、锪等。

　　2.用钻头在实体材料上加工出孔的方法称为_____。

　　3.在钻床上钻孔时，一般情况下，钻头应同时完成两个运动：_____，即钻头绕轴线的旋转运动（又称_____）；_____，即钻头沿着轴线方向对着工件的直线运动（又称_____）。

　　4.钻孔时，由于钻头结构上的缺点，加工精度只能达到IT14~11级，表面粗糙度为 Ra50~12.5 μm，属于_____。扩孔的精度远远高于钻孔，扩孔时可用钻头扩孔，但当孔精度要求较高时，常用扩孔钻_____加工。_____是用铰刀从工件壁上切除微量金属层，以提高孔的尺寸精度和表面质量的加工方法。_____是应用较普遍的孔的精加工方法之一。

5. 常用的钻床有_____钻床、_____钻床和_____钻床 3 种，手电钻也是常用的钻孔工具。

6. 钻头夹具中，_____适用于装夹直柄钻头。_____是将钻头和钻床主轴连接起来的过渡工具。

7. 装夹工件要_____，但不准将工件夹得过紧而损伤，或使工件变形影响钻孔质量（特别是薄壁工件和小工件）。

8. 麻花钻一般由_____（也称装夹部分）、_____及刀体（也称_____）组成。

9. _____即螺旋沟表面，是切屑流经表面，起容屑、排屑作用，需抛光以使排屑流畅。

10. 主切削刃是_____（螺旋沟表面）与_____的交线，标准麻花钻主切削刃为直线（或近似直线）。

二、选择题

1. 麻花钻是钻孔用的工具，常用（　　）制成，如 W18Cr4V。

    A. 高速钢　　　　　B. 铸铁　　　　　C. 碳素钢　　　　　D. 合金结构钢

2. 钻头直径大于 13 mm 时，夹持部分一般做成（　　）。

    A. 直柄　　　　　B. 莫氏锥柄　　　　　C. 直柄或锥柄　　　　　D. 锥柄

3. 麻花钻顶角越小，则轴向力越小，刀尖角增大，有利于（　　）。

    A. 切削液的进入　　　　　　　　B. 散热和提高钻头的使用寿命

    C. 排屑　　　　　　　　　　　　D. 润滑

4. 孔的精度要求较高和表面粗糙度要求较小时，加工中应选用主要起（　　）作用的切削液。

    A. 润滑　　　　　B. 冷却　　　　　C. 冷却和润滑　　　　　D. 散热

5. 铰削圆锥定位孔应使用（　　）。

    A. 1∶10 锥铰刀　　B. 1∶30 锥铰刀　　C. 1∶50 锥铰刀　　D. 1∶55 锥铰刀

6. 对孔的粗糙度影响较大的是（　　）。

    A. 切削速度　　　　B. 钻头刚度　　　　C. 钻头顶角　　　　D. 进给量

7. 操作钻床时不能戴（　　）。

    A. 帽子　　　　　B. 手套　　　　　C. 眼镜　　　　　D. 口罩

8. 当材料强度、硬度低，钻头直径小时，宜选用（　　）转速。

    A. 较低　　　　　B. 较高　　　　　C. 相同　　　　　D. 不知道

9. 扩孔时的切削速度比钻孔时的切削速度（　　）。

    A. 高　　　　　B. 低　　　　　C. 相同　　　　　D. 不知道

三、判断题

1. 当孔的尺寸精度、表面粗糙度要求较高时，应选较小的进给量。 （   ）

2. 加工硬、脆等难加工材料必须使用硬质合金钻头。 （   ）

3. 麻花钻主切削刃上各点的前角大小是相等的。 （   ）

4. 钻孔时，冷却润滑的目的应以润滑为主。 （   ）

5. 扩孔是用扩孔钻对工件上已有的孔进行精加工。 （   ）

6. 铰孔时，无论进刀还是退刀，都不能反转。 （   ）

7. 台钻钻孔直径一般在 12 mm 以下。 （   ）

8. 钻小孔时应选择较大的进给量和较低的转速。 （   ）

9. 麻花钻横刃较长，在钻孔时定心性好。 （   ）

10. 钻头主切削刃上各点的基面是不同的。 （   ）

项目七
螺纹加工

◆ 项目概述

在机械产品结构中，大部分零件的连接需要使用螺纹连接，通常以普通螺纹为主。普通螺纹连接是将内螺纹（螺母）、外螺纹（螺杆）旋合、紧固所形成的可拆连接，如图 7-1-1 所示。它通过独特的螺旋形结构，实现了机械部件间紧密而稳定的连接，具备自锁特性，便于安装与拆卸，提高了工作效率和维修便利性。普通螺纹加工是钳工加工的重要内容之一，螺纹的加工质量直接影响到构件的装配质量和效果。本项目分为 3 个任务：任务一是认识螺纹；任务二是外螺纹加工；任务三是内螺纹加工。通过这些任务的学习，同学们应能认识螺纹的作用，学会手工加工内、外螺纹。

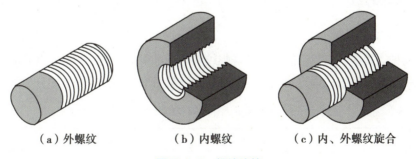

（a）外螺纹　　　　（b）内螺纹　　　　（c）内、外螺纹旋合

图 7-1-1　螺纹连接

◆ 项目目标

【知识目标】

1. 能说出普通螺纹的基本参数和代号。

2. 能说出套丝与攻丝的定义、原理。

3. 能说出手工加工内、外螺纹常用工具的结构、类型、规格及选用原则。

【能力目标】

1. 能正确计算内螺纹底孔、外螺纹螺杆的直径。

2. 能熟练进行套丝与攻丝操作，包括工具的选择、安装、调整等。

3. 能分析套丝与攻丝过程中常见问题（如丝锥断裂、螺纹乱扣等）的产生原因，并提出有效的解决方案。

【素养目标】

1. 具备安全意识，能自觉遵守安全操作规范。

2. 具备良好的职业道德，尊重劳动成果，遵守行业规范，保持工作场所的整洁与安全。

3. 培养学生精益求精的工匠精神，对待工作任务保持高度的责任心和敬业精神。

任务一　认识螺纹

◆任务描述

小王同学在师傅的指导下开始学习内、外螺纹的手工加工，熟知螺纹的参数和代号是正确加工螺纹的前提。本任务将通过对螺纹的种类、结构特点及代号含义的学习掌握螺纹的基本知识。

◆知识准备

一、认识螺纹

1. 螺纹的种类

认识螺纹

螺纹的种类很多，有标准螺纹、特殊螺纹和非标准螺纹，其中以标准螺纹最常用。在标准螺纹中，除管螺纹采用英制外，其他螺纹一般采用米制。标准螺纹的分类见表 7-1-1。

表 7-1-1　标准螺纹的分类

标准螺纹	普通螺纹	粗牙普通螺纹	
		细牙普通螺纹	
	管螺纹	用螺纹密封的管螺纹	圆锥内螺纹
			圆锥外螺纹
			圆柱内螺纹
		非螺纹密封的管螺纹	圆柱管螺纹
	梯形螺纹	—	—
	锯齿形螺纹	—	—

2.螺纹主要参数的名称

（1）螺纹牙形

螺纹牙形是指在通过螺纹轴线的剖面上的螺纹轮廓形状，常见的有三角形、梯形、锯齿形等。在螺纹牙形上，两相邻牙侧间的夹角为牙形角，牙形角有 55°（英制）、60°、30° 等。

（2）螺纹大径（d 或 D）

螺纹大径是指与外螺纹牙顶或内螺纹牙底相切的假想圆柱或圆锥的直径。国标规定：米制螺纹的大径是代表螺纹尺寸的直径，称为公称直径。

（3）螺纹小径（d_1 或 D_1）

螺纹小径是指与外螺纹的牙底与内螺纹的牙顶相切的假想圆柱或圆锥的直径。

（4）螺纹中径（d_2 或 D_2）

螺纹中径是一个假想圆柱或圆锥的直径，该圆柱或圆锥的母线通过牙形上沟槽和凸起宽度相等的地方。该假想圆柱或圆锥称为中径圆柱或中径圆锥，中径圆柱或中径圆锥的直径称为中径。

（5）线数

螺纹线数是指一个圆柱表面上的螺旋线数目。它分单线螺纹、双线螺纹和多线螺纹 3 种。沿一条螺旋线所形成的螺纹为单线螺纹；沿两条或多条轴向等距离分布的螺旋线所形成的螺纹称为双线螺纹或多线螺纹。

（6）螺距（P）

螺距是指相邻两牙在中径线对应两点间的轴向距离。

（7）螺纹的旋向

右旋螺纹不加标注；左旋螺纹加"LH"标注。此外，螺纹的导程和螺纹旋合长度等也是螺纹的主要参数。

3.标准螺纹的代号及应用

标准螺纹的代号及应用见表 7-1-2。

表 7-1-2 标准螺纹的代号及应用

螺纹类型	牙形代号	代号示例	代号说明	应用
普通粗牙螺纹	M	M12	普通粗牙螺纹，外径 12 mm	用来紧固零件
普通细牙螺纹	M	M10×1.25	普通细牙螺纹，外径 10 mm，螺距 1.25 mm	自锁能力强，一般用来锁薄壁零件和对防震要求较高的零件
梯形螺纹	Tr	Tr32×12/2—IT7	梯形螺纹，外径 32 mm，导程 12 mm，双线，7 级粗度	能承受两个方向的轴向力，可作为传动杆，如车床的丝杆

续表

螺纹类型	牙形代号	代号示例	代号说明	应用
锯齿形螺纹	B	B70×10	锯齿形螺纹，外径 70 mm，螺距 10 mm	能承受较大的单向轴向力，可作为传递单向负荷的传动丝杆

二、普通螺纹

1.普通螺纹的结构特点

普通螺纹由大径（外螺纹 d、内螺纹 D）、中径（外螺纹 d_2、内螺纹 D_2）、小径（外螺纹 d_1、内螺纹 D_1）、螺距（P）、牙型角（α，普通螺纹的牙型角 $\alpha=60°$）等结构组成。普通螺纹的结构特点如图 7-1-2 所示。在进行螺纹加工时，必须把这些参数的误差控制在许可的范围内。

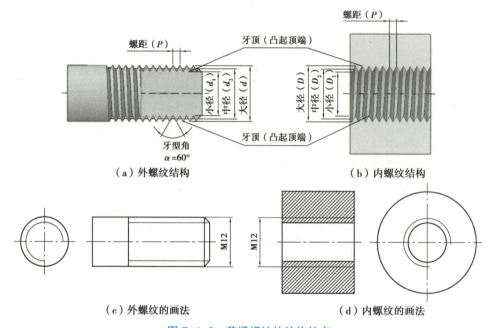

（a）外螺纹结构　　（b）内螺纹结构

（c）外螺纹的画法　　（d）内螺纹的画法

图 7-1-2　普通螺纹的结构特点

2.普通螺纹的代号

普通螺纹的代号如图 7-1-3 所示。

标注示例：

粗牙螺纹：M8-7H、M10-6gLH、M16-20 等。

细牙螺纹：M8×0.5、M10×1-6g7g、M16×1.5-6H-S。

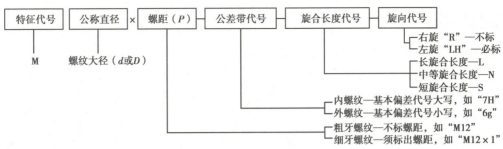

图 7-1-3　普通螺纹的代号

◆**任务实施**

一、任务准备

①进入实训车间需按照安全要求穿戴防护用品。

②准备不同类型和规格的螺纹样品（如螺栓、螺母、丝锥、板牙等）和测量工具（如游标卡尺、螺纹规等）。

③强调安全注意事项。

二、操作步骤

①将学生分为若干小组，每组分配一套螺纹样品和测量工具。

②每组学生对分配的样品进行详细观察，记录其外观特征、测量关键参数，并尝试识别其标准代号。

③每组选派代表，向全班汇报观察结果，包括螺纹类型、主要参数及标准代号。

三、注意事项及安全文明生产

①遵守车间的安全操作要求。

②将安全牢记于心，切记"安全第一　文明实训"。

◆**任务检测**

检测项目及评分标准

班级：　　　　　　　　　　姓名：　　　　　　　　　　成绩：

序号	质量检查内容	配分/分	评分标准	检测记录	得分/分
1	螺纹的种类	10	作业形式完成		
2	螺纹主要参数的名称	30	作业形式完成		
3	标准螺纹的代号及应用	10	作业形式完成		
4	普通螺纹的结构特点	20	作业形式完成		
5	普通螺纹的代号	30	作业形式完成		
	总分	100	合计		

螺栓，这一看似微小的零件，在工业生产中却扮演着举足轻重的角色。它们是机械设备中不可或缺的紧固件，通过螺纹连接，将各个部件紧密地固定在一起，确保机械结构的稳定性和整体性。大到飞机、轮船，小到精密的仪器仪表，都离不开螺栓的支撑与连接。例如，我国制造的 C919 大飞机，其机身、机翼、起落架等各个部位都需要大量的螺栓进行连接和固定，这些螺栓不仅数量众多，而且种类繁多，包括不同规格、材质和用途，真是"小零件大作用"。希望同学们将来无论身处何位，都应如螺栓般坚守自己的岗位，做到虽小却不可或缺，共同构筑起社会稳固的基石。

任务二　外螺纹加工

外螺纹加工

◆**任务描述**

车间设备上需要少量的 M10×1.5 的专用螺栓进行维修更换（图 7-2-1），车间钳工组的任务是加工螺栓上的外螺纹，实习学生小王在师父的指导下认真学习手工加工外螺纹的基本知识和技能，开始完成任务内容。

图 7-2-1　专用螺栓

◆**知识准备**

套螺纹是用板牙或螺纹切头加工螺纹的方法。

一、套螺纹的工具

1. 板牙

板牙是加工外螺纹的刀具，如图 7-2-2 所示，板牙相当于一个具有很高硬度的螺母，螺孔周围制有几个排屑孔，一般在螺孔的两端磨有切削锥。板牙按外形和用途分为圆板牙、方板牙、六角板牙和管形板牙（板牙的类型）。其中，以圆板牙应用最广，规格范围为 M0.25~M68 mm。当加工出的螺纹中径超出公差时，可将板牙上的调节槽切开，以便调节螺纹的中径。板牙可装在板牙扳手中用手工加工螺纹，也可装在板牙架中在机床上使用。板牙加工出的螺纹精度较低，但由于结构简单、使用方便，在单件、小批生产和修配中板牙仍得到广泛应用。

图 7-2-2 板牙

板牙由切屑部分、定位部分和排屑孔组成。圆板牙螺孔的两端有 40° 的锥度部分，是板牙的切削部分。定位部分起修光作用。板牙的外缘有一条深槽和四个锥坑，锥坑用于定位和紧固板牙。

板牙按外形和用途分为圆板牙、方板牙（四方板牙）、六方板牙（六角板牙）、管形板牙和管子板牙，其中以圆板牙应用最广。

板牙按材料分为工具钢板牙（用于镀锌管、无缝钢管、圆钢筋、铜材、铝材等加工丝口）和高速钢板牙（用于不锈钢管加工丝口）。

2. 板牙架（图 7-2-3）

图 7-2-3 板牙架

板牙架是用来夹持板牙、传递扭矩的工具。不同外径的板牙应选用不同的板牙架。

二、套螺纹前圆杆直径的确定和倒角

1. 圆杆直径的确定

与攻螺纹相同，套螺纹既有切削作用，也有挤压金属的作用。故套螺纹前必须检查圆杆直径。圆杆直径应稍小于螺纹的公称尺寸，圆杆直径可查表或按经验公式计算。

经验公式：

$$圆杆直径 = 螺纹外径\ d - (0.13~0.2)螺距\ p$$

2. 圆杆端部的倒角

套螺纹前圆杆端部应倒角，使板牙容易对准工件中心，同时也容易切入。倒角长度应大于一个螺距，斜角为 15°~30°。

三、套螺纹的操作要点及注意事项

①为便于板牙切削部分切入工件并做正确引导，工件圆杆端部应有倒角，锥体的最小直径可略小于螺纹小径，避免螺纹顶端出现卷边和锋刃刀口。

②板牙端面与圆杆轴线应保持垂直。

③为防止圆杆夹持偏斜和夹出痕迹，圆杆应装夹在硬木制成的 V 形钳口或软金属制成的衬垫中。

④开始起套螺纹时，用手掌按住圆板牙中心，沿圆杆轴线施加压力，并转动板牙铰杠；另一只手配合顺向切进，转动匀速缓慢，压力要大。

⑤当圆板牙切入圆杆 1~2 圈时，目测检查和校正圆板牙的位置；当圆板牙切入圆杆 3~4 圈时，停止施加压力并匀速转动，让板牙依靠螺纹自然套进，以免损坏螺纹和板牙。

⑥防止切屑过长，套螺纹过程中板牙经常倒转 1/4~1/2 圈。

⑦套螺纹应选择合适的切削液，以降低切削阻力，提高螺纹质量，延长板牙寿命。

⑧在钢制圆杆上套螺纹时要加机油润滑。

四、套螺纹时的常见问题及产生原因

套螺纹时的常见问题分析见表 7-2-1。

表 7-2-1　套螺纹时的常见问题分析

问题	原因分析
烂牙	①圆杆直径太大； ②板牙磨钝； ③套螺纹时，板牙没有经常倒转； ④铰杠掌握不稳，套螺纹时，板牙左右摇摆； ⑤板牙歪斜太多，套螺纹时强行修正； ⑥板牙刀刃上具有切屑瘤； ⑦用带调整槽的板牙套螺纹，第二次套螺纹时板牙没有与已切出螺纹旋合，就强行套螺纹
螺纹歪斜	①板牙端面与圆杆不垂直； ②用力不均匀，铰杠歪斜
螺纹中径小 （齿形瘦）	①板牙已切入仍施加压力； ②由于板牙端面与圆杆不垂直而多次纠正，使部分螺纹切去过多
螺纹牙深不够	①圆杆直径太小； ②用带调整槽的板牙套螺纹时，直径调节太大

◆**任务实施**

一、任务准备

1. 分析图纸

如图 7-2-1 所示，其坯件为阶梯轴，需要加工 M10 × 1.5 外螺纹。

2. 准备工量具

按照表 7-2-2 准备相关的设备、刀具、辅助工量具，并计算钻头直径。

表 7-2-2　设备、刀具、辅助工量具表

序号	名称	简图	型号 / 规格	数量
1	板牙		M10 × 1.5	1
2	板牙架		—	1
3	台虎钳		—	1
4	V 形块		—	1

二、操作步骤

①检测坯料，清理毛刺。

②利用 V 形块将工件垂直固定在台虎钳上。

③将板牙安装到板牙架上。

④按操作要点加工螺纹，如图 7-2-4 所示。

⑤去毛刺，检验。

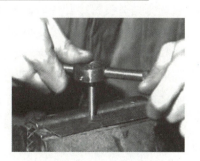

图 7-2-4　加工螺纹

三、注意事项及安全文明生产

①操作时应穿戴适当的个人防护装备，如安全眼镜、手套等，以防止金属屑或工具伤害。

②保持工作区域整洁，及时清理杂物和铁屑，避免因杂物引起的意外伤害。

③操作完成后及时清理工具，定期润滑，确保工具的灵活性和延长使用寿命。

④注意避免过度用力导致工具磨损或者螺纹变形，同时注意套螺纹时的方向和旋转速度，防止造成螺纹损坏或者漏丝。

◆ 任务检测

检测项目及评分标准

班级：　　　　　　　姓名：　　　　　　　成绩：

序号	质量检查内容	配分 / 分	评分标准	检测记录	得分 / 分
1	工件安装：稳固、无倾斜	20	酌情扣分		
2	工具安装：板牙与板牙架正确安装	20	酌情扣分		
3	M8 外螺纹：螺纹完整、无乱牙、不歪斜、无毛刺	20	视情况扣分		
4	M10 外螺纹：螺纹完整、无乱牙、不歪斜、无毛刺	20	视情况扣分		
5	安全文明生产：工具的使用和操作姿势正确	20	工具的使用和操作姿势不正确扣 5~10 分，出现安全事故扣 15~20 分		
	总分	100	合计		

学习拓展

在钳工螺纹加工中，针对不同材料选用合适的切削液是确保加工质量与效率的关键措施之一。首先，需考虑工件材料的性质。例如，对于易产生切削热的材料如铝合金，应选择具有良好冷却性能的水溶性切削液，如乳化液或合成切削液，它们能有效降低切削温度，防止工件热变形，同时提供一定的润滑作用。对于硬度高、加工难度大的材料，如不锈钢或高强度钢，应选择润滑性能优异的切削液，如油性切削液或极压切削液。这类切削液能在高温高压下形成润滑膜，减少刀具与工件间的摩擦，降低切削力，防止刀具磨损过快，从而提高加工精度和刀具寿命。此外，还应根据加工环境、切削条件及切削液的成本与环保性进行综合考虑，选择最适合的切削液。

任务三　内螺纹加工

内外螺纹加工

◆任务描述

车间钳工组接到任务安排，加工孔板零件上的一系列内螺纹（图7-3-1），实习生小王接手了这一任务。在师傅的指导下，小王认真学习内螺纹加工的相关知识、操作技能及安全知识，开始完成任务内容。

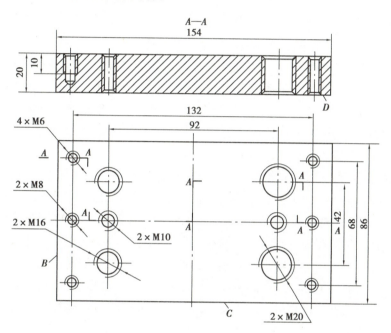

图 7-3-1　组合孔板零件

◆知识准备

用丝锥在工件的孔中切削出内螺纹的加工方法称为攻丝。针对小尺寸、精度要求不高的普通内螺纹的加工，用手用丝锥攻丝，是一种有效且应用广泛的加工方法。

一、攻螺纹的工具

丝锥基础知识介绍

1. 丝锥

丝锥分为手用丝锥和机用丝锥，其结构如图7-3-2所示。

丝锥由柄部和工作部分组成。柄部是攻螺纹时铰杠夹持的部分，用来传递力。工作部分由切削部分 L_1 和校准部分 L_2 组成，起切削作用。校准部分有完整的牙型，用来修光和校准已切出的螺纹，并引导丝锥沿轴向前进。

一般手用丝锥成组使用，而机用丝锥一般只有单支。通常 M6~M24 的丝锥每组有两支，M6 以下及 M24 以上的丝锥每组有 3 支；细牙螺纹丝锥为两支一组。这样可以减少切削力和延长丝锥使用寿命，提高耐用度和加工精度。成组丝锥切削量的分配形式

有两种：锥形分配和柱形分配。

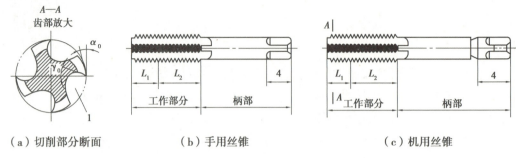

（a）切削部分断面　　　（b）手用丝锥　　　　　　（c）机用丝锥

图 7-3-2　丝锥结构

①锥形分配：即等径丝锥。一组锥形分配切削量的丝锥中，所有丝锥的大径、中径、小径都相等，只是切削部分的长度和锥角不相等。当攻制通孔螺纹时，用头锥一次切削即可加工完毕，二锥、三锥则用得较少。一组丝锥中，每支丝锥磨损很不均匀。由于头攻经常攻削，切削厚度大，所以变形严重，加工表面粗糙，精度差。一般 M12 以下小直径丝锥采用锥形分配。

②柱形分配：即不等径丝锥。一组柱形分配切削量的丝锥中，所有丝锥的大径、中径、小径都不相等。即头锥、二锥的大径、中径、小径都比三锥小。头锥、二锥的中径一样，大径不一样。头锥大径小，二锥大径大。这种丝锥的切削量分配比较合理，三支一组的丝锥按顺序为 6 : 3 : 1 分担切削量，两支一组的丝锥按顺序为 7.5 : 2.5 分担切削量，切削省力，各锥磨损量差别小，使用寿命较长。同时，末锥（精锥）的两侧也参加少量切削，所以加工表面粗糙度值较小。一般 M12 以上的丝锥多属于这一种。注意：柱形分配丝锥一定要最后一支丝锥攻过后，才能得到正确螺纹。

2. 铰杠

铰杠是用来夹持丝锥的工具，有普通铰杠和丁字铰杠两类，每种铰杠又有固定式和活络式两种，活络式铰杠可以调节方孔尺寸，如图 7-3-3 所示。

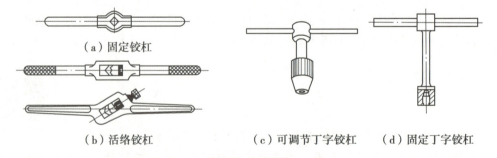

（a）固定铰杠

（b）活络铰杠　　　　　（c）可调节丁字铰杠　　　（d）固定丁字铰杠

图 7-3-3　铰杠

普通固定式铰杠常用于夹持 M5 以下螺丝锥，普通活络式铰杠有 6 种规格，适用的丝锥见表 7-3-1。丁字铰杠主要用在攻工件凸台旁的螺孔或机体内部的螺孔。较小的丁字活络式铰杠通过一个四爪弹簧夹头夹持 M6 以下的丝锥，而大尺寸的丁字铰杠一般都是固定式的。

表 7-3-1　活络式铰杠的适用范围

铰杠规格 /mm	150	225	275	375	475	600
适用丝锥范围	M5~M8	>M8~M12	>M12~M14	>M14~M16	>M16~M22	M24 以上

二、攻普通螺纹前底孔直径和深度的确定

1. 底孔直径的确定

用丝锥加工螺纹时，丝锥切削部分的每个齿在对材料进行切削的同时，也将对材料进行挤压，因此，螺纹牙型的顶端要凸起一小部分，材料的塑性越大，被挤出的材料越多。此时，螺纹底孔直径必须大于螺纹的小径，否则牙顶端与丝锥根部没有足够的空间容纳挤出的材料，就会将丝锥扎住或挤断。但是，若底孔钻得太大，又会使螺纹的牙形高度不够，降低强度。所以，底孔大小要根据工件材料的塑性和螺孔的大小决定，一般可使用经验公式或查表（表 7-3-2）得出。

表 7-3-2　普通螺纹攻螺纹前钻底孔的钻头直径

螺纹直径 /mm	螺距 /mm	钻头直径 /mm		螺纹直径 /mm	螺距 /mm	钻头直径 /mm	
		铸铁、青/黄铜	铝、钢、纯铜			铸铁、青/黄铜	铝、钢、纯铜
4	0.7	3.2	3.3	14	2 1.5 1	11.8 12.4 12.9	12 12.5 13
5	0.8	4.1	4.2	16	2 1.5	13.8 14.4	14 14.5
6	1 0.75	4.9 5.2	5 5.2	18	2.5 2 1.5	15.3 15.8 16.4	15.5 16 16.5
8	1.25 1 0.75	6.6 6.9 7.1	6.7 7 7.2	20	2.5 2 1.5	17.3 17.8 18.4	17.5 18 18.5
10	1.5 1.25 1	8.4 8.6 8.9	8.5 8.7 9	22	2.5 2 1.5	19.3 19.8 20.4	19.5 20 20.5
12	1.75 1.5 1.25	10.1 10.4 10.6	10.2 10.5 10.7	24	3 2 1.5	20.7 21.8 22.4	21 22 22.5

加工铝、纯铜等塑性良好的材料时，$D_{钻头} = D - P$。

加工碳钢、铸铁等脆性材料时，$D_{钻头} = D - (1.05 \sim 1.1) P$。

式中，$D_{钻头}$——底孔钻头直径，mm；

$\quad\quad D$——螺纹大径，mm；

$\quad\quad P$——螺距，mm。

2. 底孔深度的确定

当在盲孔中攻螺纹时，由于丝锥的顶端锥度部分不能切出完整的牙型，所以底孔的深度要大于螺孔深度，防止丝锥到底了还继续往下攻，造成丝锥折断。通常钻孔深度至少要等于需要的螺纹深度加上丝锥切削部分的长度，这段长度大约等于螺纹大径的 0.7 倍，即

$$H_{孔} = h_{有效} + 0.7D$$

式中，$H_{孔}$——底孔深度，mm；

$\quad\quad h_{有效}$——螺纹有效深度，mm；

$\quad\quad D$——螺纹大径，mm。

三、攻螺纹的一般过程和方法

1. 划线、钻底孔

通过计算或查表得出螺纹的底孔直径和深度，选用钻头钻出底孔。

2. 孔口倒角

钻孔后，在螺纹底孔的孔口必须倒角，通孔螺纹两端都要倒角，倒角处最大直径应和螺纹大径相等或略大于螺孔大径，这样可使丝锥开始切削时容易切入，并可防止孔口出现挤压出的凸边。

3. 攻螺纹

（1）工件的装夹

应将工件需要攻螺纹的一面置于水平或垂直位置，便于判断和保持丝锥垂直于工件基面。

（2）丝锥的定位

开始攻螺纹时，应尽量把丝锥放正，用右手掌按住铰杠的中部沿丝锥中心线用力加压，此时左手配合作顺向旋进，并保持丝锥中心线与孔中心重台，不能歪斜。当切工件 1~2 圈时，可用目测或直角尺在互相垂直的两个方向检查和校正丝锥的位置。当切削部分全部切入工件时，应停止对丝锥施加压力，只需要自然的旋转铰杠，靠丝锥螺纹自然旋进。起攻方法如图 7-3-4 所示。

（3）丝锥的修正

如果开始攻螺纹时，丝锥位置不正确，可将丝锥旋出用二锥加以纠正，然后再用头锥攻螺纹。

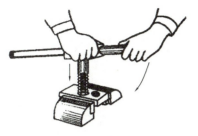

（a）沿丝锥中心线用力　　　　（b）旋转铰杠　　　　（c）检测丝锥垂直度

图 7-3-4　起攻方法

（4）丝锥的稳定

当丝锥的切削部分已经切入工件后，可只转动丝锥而不加压，每转一圈应反转 1/4 圈，以便切屑断落，如图 7-3-5 所示。搬动铰杠两手要用力均匀平衡，不要用力过猛或左右晃动，以防牙型撕裂或螺孔扩大。

（5）丝锥的退出

攻盲孔螺纹时，当末锥攻完，用铰杠倒旋丝锥松动以后，用手将丝锥旋出，因为攻完的螺纹孔和丝锥的配合较松，而铰杠重，若用铰杠旋出丝锥，容易产生摇摆和震动，从而破坏了

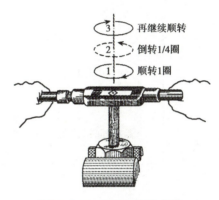

图 7-3-5　旋转铰杠的方法

螺纹的表面粗糙度。攻通孔螺纹时，丝锥的校准部分尽量不要全部出头，以免扩大或损坏最后几扣螺纹。

四、攻螺纹的操作要点

①对于成组丝锥必须按照头锥—二锥—三锥顺序攻削至标准尺寸。用头锥攻螺纹时，应保持丝锥中心与螺孔端面在两个相互垂直方向上的垂直度。头锥攻过后，先用手将二锥旋入，一直到旋不动时，再装上铰杠攻丝，防止对不准前一丝锥攻削的螺纹而产生乱扣现象。用同样的办法攻三锥。对于在较硬的材料上攻丝时，可轮换各丝锥交替攻下，以减小切削部分负荷，防止丝锥折断。

②攻盲孔螺纹时，可在丝锥上做好深度标记，并要经常退出丝锥，清除留在孔内的切屑。否则会因切屑堵塞易使丝锥折断或攻丝达不到深度要求。当工件不便倒向进行清屑时，可用弯曲的小管子吹出切屑或用磁性针棒吸出切屑。

③攻丝时应根据工件材料，选用适当的冷却润滑液，以减小切削阻力和螺孔的表面粗糙度，保持丝锥的良好切削性能，延长丝锥寿命。例如，攻钢件时可用机油，攻铸铁件时可用煤油。

五、攻螺纹时常见问题及产生原因

攻螺纹时的常见问题分析见表 7-3-3。

表 7-3-3　攻螺纹时的常见问题分析

问题	原因分析
丝锥崩刃、折断	①底孔直径小或深度不够； ②攻丝时铰杠反转不及时，导致切屑堵塞； ③用力不均匀或过猛； ④丝锥中心线未垂直于工件基面
螺纹烂牙	①底孔直径小； ②丝锥磨钝； ③攻丝时铰杠反转不及时，导致切屑堵塞
螺纹中径超差	①底孔直径选用不当； ②丝锥选用不当； ③攻丝时铰杠晃动
螺纹表面粗糙度差	①切削液选用不当； ②攻丝时铰杠晃动； ③攻丝时铰杠反转不及时，导致切屑堵塞

◆**任务实施**

一、任务准备

1. 分析图纸

组合孔板生产图纸如图 7-3-1 所示，其坯件是 154×86×20 的 Q235 板料，需要加工出 4×M6、2×M8、2×M10、2×M16、2×M20 五组共 12 个螺孔。该件的钻孔适合台式钻床完成，攻丝在钳台上用台虎钳装夹找正后完成。

2. 准备工量具

按照表 7-3-4 准备相关的设备、刀具、辅助工量具，并计算钻头直径。

表 7-3-4　设备、刀具、辅助工量具表

序号	名称	简图	型号 / 规格	数量
1	划针		250 mm	1

续表

序号	名称	简图	型号 / 规格	数量
2	样冲		长度 90~150 mm	1
3	钻头		①钻 M6 螺纹孔底孔的钻头直径_____mm； ②钻 M8 螺纹孔底孔的钻头直径_____mm； ③钻 M10 螺纹孔底孔的钻头直径_____mm； ④钻 M16 螺纹孔底孔的钻头直径_____mm； ⑤钻 M20 螺纹孔底孔的钻头直径_____mm	若干
4	锪钻		120°	1
5	手用丝锥		M6、M8、M10、M16、M20	各1副
6	台式钻床		Z4120	1
7	台虎钳		150 mm	若干

二、操作步骤

①检测坯料，清理毛刺。

②按图纸要求划出各孔的加工位置线，校准后打样冲眼。

③钻出各个螺纹孔的底孔，并对孔口倒角，保证相互位置尺寸。

④依次攻 M6、M8、M10、M16、M20 螺纹，并用相应的螺栓进行配检。

⑤去毛刺，检验。

三、注意事项及安全文明生产

1. 注意安全

在使用丝锥时，要注意安全。要戴上适当的防护眼镜和手套，以免受伤。同时，要将工作区域保持整洁，避免出现杂物或障碍物。

2. 控制切削力

在使用丝锥时，要注意控制切削力。切削力过大会导致丝锥断裂，切削力过小则无法切削。因此，在使用丝锥时，要根据具体情况控制切削力，保证切削过程的稳定性。

3. 定期检查丝锥

丝锥是易损耗的工具，使用一段时间后需要进行检查和更换。定期检查丝锥的刃口是否磨损，如果磨损严重，则需要更换新的丝锥。

◆ **任务检测**

检测项目及评分标准

班级：　　　　　　　　　　姓名：　　　　　　　　成绩：

序号	质量检查内容	配分/分	评分标准	检测记录	得分/分
1	各孔定位尺寸正确	24	一处不合格扣 2 分		
2	M6 内螺纹：螺纹完整、无乱牙、不歪斜	20	一处不合格扣 5 分		
3	M6 内螺纹有效深度	8	一处不合格扣 2 分		
4	M8 内螺纹：螺纹完整、无乱牙、不歪斜	10	一处不合格扣 5 分		
5	M10 内螺纹：螺纹完整、无乱牙、不歪斜	10	一处不合格扣 5 分		
6	M16 内螺纹：螺纹完整、无乱牙、不歪斜	10	一处不合格扣 5 分		
7	M20 内螺纹：螺纹完整、无乱牙、不歪斜	10	一处不合格扣 5 分		
8	安全文明生产	8	工具的使用和操作姿势不正确扣 1~5 分，出现重大安全事故扣 5~8 分		
总分		100	合计		

学习拓展

　　螺纹加工的方法包括车削、铣削、滚压、磨削、板牙套螺纹、丝锥攻螺纹等。这些方法各有特点，适用于不同的生产批量、材料类型和精度要求。例如，车削适用于单件小批生产，而铣削和磨削则更适合于大量生产。滚压适用于成批大量生产，特别是对于材料塑性较好的外螺纹。磨削适用于各种批量加工，包括淬硬螺纹的加工。板牙套螺纹和丝锥攻螺纹相比其他螺纹加工方式，具有灵活性高、适应性强的优点，适应各种复杂或特殊的螺纹加工需求，熟练的技工往往能够根据经验和技巧，完成一些自动化设备难以完成的精细加工，成为企业不可或缺的关键技术人才。

习　题

一、填空题

　　1.用板牙或螺纹切头加工螺纹的加工方法称为 _____ 。

　　2.板牙是加工 _____ 的工具。

　　3.套螺纹时，材料受到板直切削刃挤压而变形，所以套螺纹前 _____ 直径应稍小于 _____ 大径的尺寸。

　　4.套螺纹时应根据工件材料，选用适当的 _____ ，以减小切削阻力和螺纹的表面粗糙度。

　　5.用丝锥在工件的孔中切削出内螺纹的加工方法称为 _____ 攻丝。

　　6.丝锥是加工 _____ 的工具，有 _____ 丝锥和 _____ 丝锥。

　　7.在成套丝锥中，对每支丝锥的切削量分配有两种方式，即 _____ 和 _____ 。

　　8.攻丝时应根据工件材料，选用适当的 _____ ，以减小切削阻力和螺孔的表面粗糙度。

二、选择题

　　1.套螺纹前圆杆直径应（　　　）螺纹大径的尺寸。

　　　A.略大于　　　　　　　B.略小于　　　　　　　C.等于

　　2.用来夹持板牙、传递扭矩的工具是（　　　）丝杠。

　　　A.板牙架　　　　　　　B.绞杠　　　　　　　　C.扳手

　　3.用于镀锌管、无缝钢管、圆钢筋、铜材、铝材等加工丝口的工具是（　　　）。

　　　A.工具钢板牙　　　　　B.高速钢板牙　　　　　C.六角板牙

　　4.应用最广泛的是（　　　）。

　　　A.圆板牙　　　　　　　B.四方板牙　　　　　　C.六角板牙

　　5.柱形分配丝锥，其头锥、二锥的大径、中径和小径（　　　）。

　　A. 都比三锥小　　　　B. 都与三锥相同　　　　C. 都比三锥大

6. 在攻制工作台阶旁边或机体内部的螺孔时，可选用（　　　）丝杠。

　　A. 普通铰杠　　　　　B. 普通活动铰杠　　　　C. 固定或活动的丁字铰杠

7. 攻丝前的底孔直径应（　　　）螺纹小径。

　　A. 略大于　　　　　　B. 略小于　　　　　　　C. 等于

8. 攻不通孔螺纹时，底孔深度（　　　）所需的螺孔深度。

　　A. 等于　　　　　　　B. 小于　　　　　　　　C. 大于

9. 丝锥由工作部分和（　　　）两部分组成。

　　A. 柄部　　　　　　　B. 校准部分　　　　　　C. 切削部分

10. 螺纹的公称直径指的是螺纹的（　　　）。

　　A. 中径　　　　　　　B. 小径　　　　　　　　C. 大径

三、判断题

1. 用板牙在圆杆上切出外螺纹的加工方法称为攻螺纹。（　　　）

2. 圆板牙由切削部分、校准部分和排屑孔组成，一端有切削锥角。（　　　）

3. 板牙架是用来夹持板牙、传递扭矩的工具。（　　　）

4. 套螺纹时，板牙端面与圆杆轴线应保持垂直。（　　　）

5. 为防止切屑过长，套螺纹过程中板牙经常倒转 1/4~1/2 圈。（　　　）

6. 开始攻丝时，应先用二锥起攻，然后用头锥整形。（　　　）

7. 用丝锥在工件孔中切出内螺纹的加工方法称为套螺纹。（　　　）

8. 攻盲孔螺纹时，要经常退出排屑，以避免丝锥折断。（　　　）

9. 锥形分配的丝锥，其头锥、二锥、三锥的大径、中径和小径都相等。（　　　）

10. 一般手用丝锥都是单支使用的。（　　　）

11. 攻丝前需要对底孔进行倒角，且倒角必须大于螺纹的大径，以方便丝攻的快速定位和导向。（　　　）

12. 攻丝时为提高加工效率，铰杠可以一次性旋转到孔底。（　　　）

13. 攻丝时需要一直对铰杠施加轴向压力，才能完成切削加工。（　　　）

14. M10×1.5 代表的是公称直径 10 mm 的普通粗牙螺纹。（　　　）

技能实训工作页

技能训练一   锯削钢件

一、实训图纸

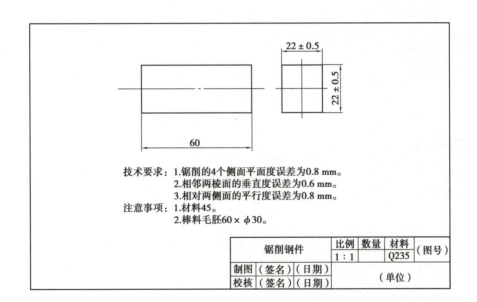

技术要求：1.锯削的4个侧面平面度误差为0.8 mm。
2.相邻两棱面的垂直度误差为0.6 mm。
3.相对两侧面的平行度误差为0.8 mm。

注意事项：1.材料45。
2.棒料毛胚60×φ30。

锯削钢件	比例	数量	材料	（图号）
	1：1		Q235	
制图 （签名）（日期）			（单位）	
校核 （签名）（日期）				

二、检测项目及评分标准

班级：　　　　　　　　姓名：　　　　　　　　成绩：

序号	质量检查内容	配分/分	评分标准	检测记录	得分/分
1	（22±1）mm	20	超差一丝扣1分		
2	（22±1）mm	20	超差一丝扣1分		
3	垂直度误差0.8 mm	20	根据操作规范扣分		
4	垂直度误差0.6 mm	20	根据操作规范扣分		
5	平行度误差	10	根据操作规范扣分		
6	安全文明生产及清洁卫生	10	工具的使用和操作姿势不正确扣1~5分，出现重大安全事故扣5~10分，清洁卫生1~5分		
	总分	100	合计		

三、实训工作页

实训任务（课题）		学　　时	
实训时间		实训场地	
实训目的			
实训任务			
实训内容及步骤			
实训心得			
指导教师批阅			

四、锯削钢件任务评价表

班级：   组别：   姓名：

项目	评价内容	评价等级（学生自评）		
		A	B	C
关键能力考核项目	纪律意识。遵守学习场所管理规定，服从安排			
	安全意识和责任意识。规范佩戴防护用品，"6S"管理意识，注重节约、节能与环保意识			
	学习态度。积极主动，能参加安排的活动			
	团队合作意识。注重沟通，能自主学习及相互协作			
专业能力考核项目	主动学习，学习准备充分			
	按时按要求完成工作任务相关准备			
	工具、设备选择得当，使用符合技术要求			
	操作规范，符合要求			
	注重工作效率与工作质量			
小组评语及建议		组长签名： 　　年　　月　　日		
教师评语及建议		教师签名： 　　年　　月　　日		

技能训练二　锯削型材

一、实训图纸

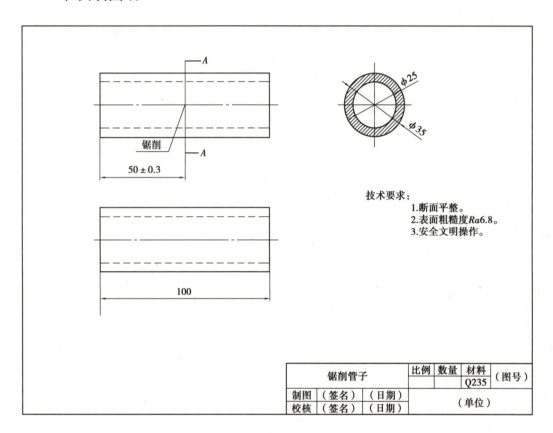

技术要求：
1. 断面平整。
2. 表面粗糙度 $Ra6.8$。
3. 安全文明操作。

		比例	数量	材料	
锯削管子				Q235	（图号）
制图	（签名）（日期）				（单位）
校核	（签名）（日期）				

二、检测项目及评分标准

班级：　　　　　　　　姓名：　　　　　　　　成绩：

序号	质量检查内容	配分 / 分	评分标准	检测记录	得分 / 分
1	划线	20	每错一次扣 2 分		
2	（50±0.3）mm	20	一处超差扣 1 分		
3	端面整齐	20	根据操作规范扣分		
4	使用工具，操作姿势正确	20	发现一次不正确扣 1 分		
5	正确使用量具测量	10	根据操作规范扣分		
6	安全文明生产	10	工具的使用和操作姿势不正确扣 1~5 分，出现重大安全事故扣 5~10 分		
	总分	100	合计		

三、实训工作页

实训任务（课题）		学　　时	
实训时间		实训场地	
实训目的			
实训任务			
实训内容及步骤			
实训心得			
指导教师批阅			

四、锯削型材任务评价表

班级：　　　　　　　　　组别：　　　　　　　　姓名：

项目	评价内容	评价等级（学生自评）		
		A	B	C
关键能力考核项目	纪律意识。遵守学习场所管理规定，服从安排			
	安全意识和责任意识。规范佩戴防护用品，"6S"管理意识，注重节约、节能与环保意识			
	学习态度。积极主动，能参加安排的活动			
	团队合作意识。注重沟通，能自主学习及相互协作			
专业能力考核项目	主动学习，学习准备充分			
	按时按要求完成工作任务相关准备			
	工具、设备选择得当，使用符合技术要求			
	操作规范，符合要求			
	注重工作效率与工作质量			
小组评语及建议		组长签名： 　　　年　　月　　日		
教师评语及建议		教师签名： 　　　年　　月　　日		

技能训练三 錾削狭平面

一、实训图纸

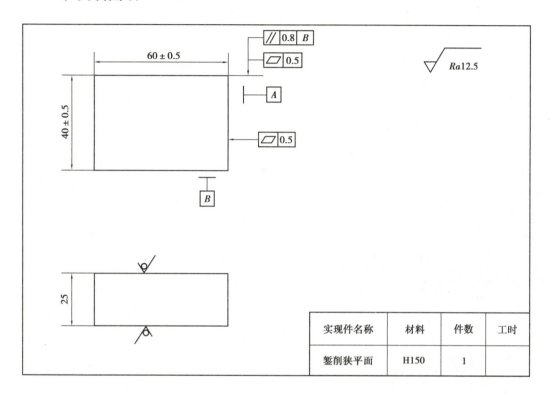

实现件名称	材料	件数	工时
錾削狭平面	H150	1	

二、检测项目及评分标准

班级：　　　　　　姓名：　　　　　　成绩：

序号	质量检查内容	配分／分	评分标准	检测记录	得分／分
1	（60±0.5）mm	30	一处超差扣20分		
2	平面度0.5 mm（4处）	20	一处超差扣5分		
3	平行度0.8 mm（2处）	10	一处超差扣5分		
4	錾削姿势正确	10	按正确程度给分		
5	刃磨錾子角度基本正确	10	按正确程度给分		
6	工件表面粗糙度	10	若表面损伤，则分数全扣		
7	安全文明生产	10	工具的使用和操作姿势不正确扣1~5分，出现重大安全事故扣5~10分		
	总分	100	合计		

三、实训工作页

实训任务（课题）		学　　时	
实训时间		实训场地	
实训目的			
实训任务			
实训内容及步骤			
实训心得			
指导教师批阅			

四、平面划线任务评价表

班级：　　　　　　　　组别：　　　　　　　　姓名：

项目	评价内容	评价等级（学生自评）		
		A	B	C
关键能力考核项目	纪律意识。遵守学习场所管理规定，服从安排			
	安全意识和责任意识。规范佩戴防护用品，"6S"管理意识，注重节约、节能与环保意识			
	学习态度。积极主动，能参加安排的活动			
	团队合作意识。注重沟通，能自主学习及相互协作			
专业能力考核项目	主动学习，学习准备充分			
	按时按要求完成工作任务相关准备			
	工具、设备选择得当，使用符合技术要求			
	操作规范，符合要求			
	注重工作效率与工作质量			
小组评语及建议		组长签名：　　年　　月　　日		
教师评语及建议		教师签名：　　年　　月　　日		

技能训练四　錾削直槽

一、实训图纸

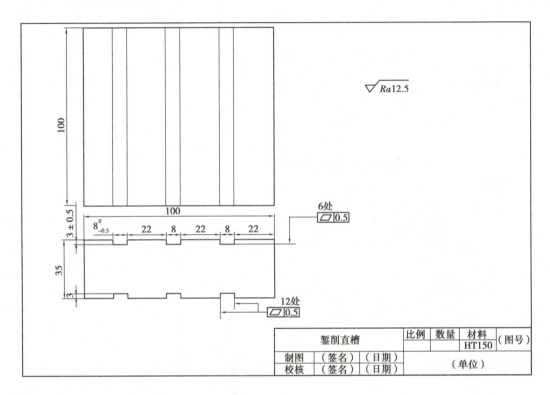

	錾削直槽	比例	数量	材料	（图号）
				HT150	
制图	（签名）（日期）			（单位）	
校核	（签名）（日期）				

二、检测项目及评分标准

班级：　　　　　　　　姓名：　　　　　　　　成绩：

序号	质量检查内容	配分/分	评分标准	检测记录	得分/分
1	槽深（3±0.5）mm（6处）	12	一处超差扣2分		
2	槽宽 $8^{0}_{-0.5}$ mm（6处）	20	一处超差扣5分		
3	槽宽平面度0.5 mm（12处）	24	一处超差扣2分		
4	槽口喇叭口0.5 mm（6处）	12	一处超差扣1分		
5	槽底平面度0.5 mm（6处）	12	一处超差扣2分		
6	槽面外形无损伤	5	按正确程度给分		
7	錾子（狭錾）正确刃磨（两把）	5	按正确程度给分		
8	安全文明生产	10	工具的使用和操作姿势不正确扣1~5分，出现重大安全事故扣5~10分		
	总分	100	合计		

三、实训工作页

实训任务（课题）		学　　时	
实训时间		实训场地	
实训目的			
实训任务			
实训内容及步骤			
实训心得			
指导教师批阅			

四、錾削直槽任务评价表

班级：　　　　　　　　　组别：　　　　　　　　　姓名：

项目	评价内容	评价等级（学生自评）		
		A	B	C
关键能力考核项目	纪律意识。遵守学习场所管理规定，服从安排			
	安全意识和责任意识。规范佩戴防护用品，"6S"管理意识，注重节约、节能与环保意识			
	学习态度。积极主动，能参加安排的活动			
	团队合作意识。注重沟通，能自主学习及相互协作			
专业能力考核项目	主动学习，学习准备充分			
	按时按要求完成工作任务相关准备			
	工具、设备选择得当，使用符合技术要求			
	操作规范，符合要求			
	注重工作效率与工作质量			
小组评语及建议		组长签名：　　　　　年　　月　　日		
教师评语及建议		教师签名：　　　　　年　　月　　日		

技能训练五 錾削平面

一、实训图纸

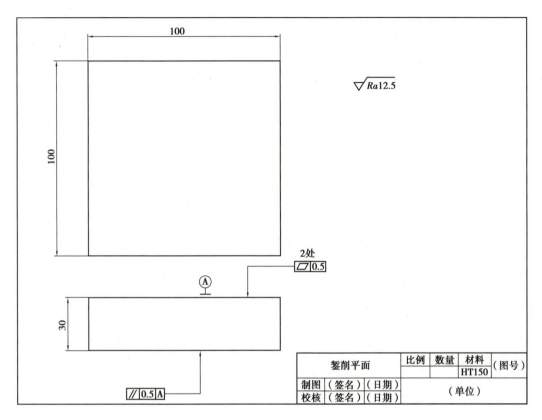

二、检测项目及评分标准

班级：　　　　　　　　姓名：　　　　　　　　成绩：

序号	质量检查内容	配分 / 分	评分标准	检测记录	得分 / 分
1	（30±0.5）mm	30	超差扣 40 分		
2	平行度 0.5 mm	10	超差扣 10 分		
3	平面度 0.5 mm（2 处）	10	一处超差扣 5 分		
4	錾削痕迹整齐	20	目测给分		
5	錾子刃磨正确	10	目测给分		
6	錾削姿势正确	10	按正确程度给分		
7	安全文明生产	10	工具的使用和操作姿势不正确扣 1~5 分，出现重大安全事故扣 5~10 分		
总分		100	合计		

三、实训工作页

实训任务（课题）		学　　时	
实训时间		实训场地	
实训目的			
实训任务			
实训内容及步骤			
实训心得			
指导教师批阅			

四、錾削平面任务评价表

班级：　　　　　　　　　　组别：　　　　　　　　　姓名：

项目	评价内容	评价等级（学生自评）		
		A	B	C
关键能力考核项目	纪律意识。遵守学习场所管理规定，服从安排			
	安全意识和责任意识。规范佩戴防护用品，"6S"管理意识，注重节约、节能与环保意识			
	学习态度。积极主动，能参加安排的活动			
	团队合作意识。注重沟通，能自主学习及相互协作			
专业能力考核项目	主动学习，学习准备充分			
	按时按要求完成工作任务相关准备			
	工具、设备选择得当，使用符合技术要求			
	操作规范，符合要求			
	注重工作效率与工作质量			
小组评语及建议		组长签名： 　　　年　　月　　日		
教师评语及建议		教师签名： 　　　年　　月　　日		

技能训练六　锉削正方形

一、实训图纸

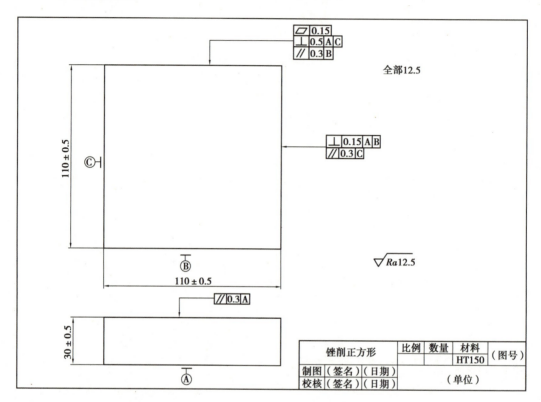

二、检测项目及评分标准

班级：　　　　　　　　　姓名：　　　　　　　　　成绩：

序号	质量检查内容	配分 / 分	评分标准	检测记录	得分 / 分
1	尺寸（30±0.5）mm	20	超差扣 20 分		
2	尺寸（110±0.5）mm	20	一处超差扣 10 分		
3	垂直度 0.15 mm	16	一处超差扣 2 分		
4	平行度 0.3 mm	15	一处超差扣 5 分		
5	平面度 0.15 mm	18	一处超差扣 3 分		
6	Ra12.5	6	一处超差扣 1 分		
7	锉削姿势正确	5	按正确程度给分		
8	安全文明生产	只扣分，最高不超过 10 分	工具的使用和操作姿势不正确扣 1~5 分，出现重大安全事故扣 5~10 分		
	总分	100	合计		

三、实训工作页

实训任务（课题）		学　　时	
实训时间		实训场地	
实训目的			
实训任务			
实训内容及步骤			
实训心得			
指导教师批阅			

四、锉削正方形任务评价表

班级：　　　　　　　　　组别：　　　　　　　　姓名：

项目	评价内容	评价等级（学生自评）		
		A	B	C
关键能力考核项目	纪律意识。遵守学习场所管理规定，服从安排			
	安全意识和责任意识。规范佩戴防护用品，"6S"管理意识，注重节约、节能与环保意识			
	学习态度。积极主动，能参加安排的活动			
	团队合作意识。注重沟通，能自主学习及相互协作			
专业能力考核项目	主动学习，学习准备充分			
	按时按要求完成工作任务相关准备			
	工具、设备选择得当，使用符合技术要求			
	操作规范，符合要求			
	注重工作效率与工作质量			
小组评语及建议		组长签名： 　　　　年　　月　　日		
教师评语及建议		教师签名： 　　　　年　　月　　日		

技能训练七　锉削六方体与倒圆角

一、实训图纸

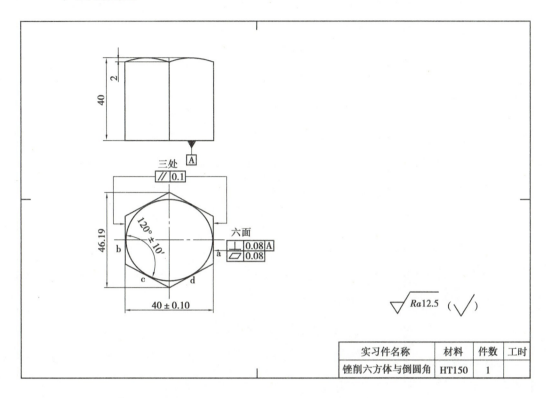

实习件名称	材料	件数	工时
锉削六方体与倒圆角	HT150	1	

二、检测项目及评分标准

班级：　　　　　　　　姓名：　　　　　　　　成绩：

序号	质量检查内容	配分 / 分	评分标准	检测记录	得分 / 分
1	尺寸（40±0.1）mm	30	一处超差扣 10 分		
2	平面度 0.08 mm 垂直度 0.08 mm	24	一处超差扣 4 分		
3	平行度 0.1 mm	15	一处超差扣 5 分		
4	120° ±10′	12	一处超差扣 2 分		
5	Ra12.5	9	一处超差扣 1.5 分		
6	倒圆角尺寸准确、美观	10	按正确、美观程度给分		
7	姿势正确	只扣分	姿势不正确扣 5~10 分		
8	安全文明生产	只扣分，最高不超过 10 分	工具的使用和操作姿势不正确扣 1~5 分，出现重大安全事故扣 5~10 分		
	总分	100	合计		

三、实训工作页

实训任务（课题）		学　　时	
实训时间		实训场地	
实训目的			
实训任务			
实训内容及步骤			
实训心得			
指导教师批阅			

四、锉削六方体与倒圆角任务评价表

班级：　　　　　　　　　组别：　　　　　　　　　姓名：

项目	评价内容	评价等级（学生自评）		
		A	B	C
关键能力考核项目	纪律意识。遵守学习场所管理规定，服从安排			
	安全意识和责任意识。规范佩戴防护用品，"6S"管理意识，注重节约、节能与环保意识			
	学习态度。积极主动，能参加安排的活动			
	团队合作意识。注重沟通，能自主学习及相互协作			
专业能力考核项目	主动学习，学习准备充分			
	按时按要求完成工作任务相关准备			
	工具、设备选择得当，使用符合技术要求			
	操作规范，符合要求			
	注重工作效率与工作质量			
小组评语及建议		组长签名： 　　　　年　　月　　日		
教师评语及建议		教师签名： 　　　　年　　月　　日		

技能训练八 孔加工练习 I

一、实训图纸

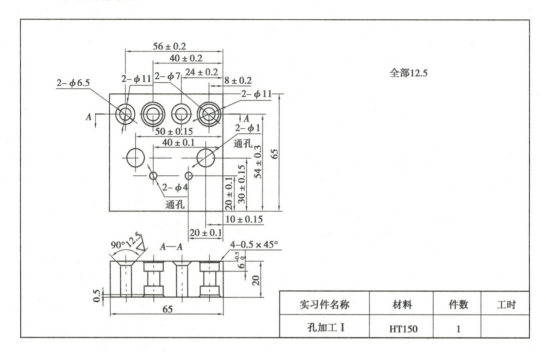

实习件名称	材料	件数	工时
孔加工 I	HT150	1	

二、检测项目及评分标准

班级: 　　　　　姓名: 　　　　　成绩:

序号	质量检查内容	配分/分	评分标准	检测记录	得分/分
1	孔距 ±0.1 mm、±0.15 mm	32	一处超差扣6分		
2	孔距 ±0.2 mm、±0.3 mm	22	一处超差扣3分		
3	孔径 $\phi 11$、$\phi 4$	18	一处超差扣3分		
4	孔径 $\phi 6.5$、$\phi 7$	8	一处超差扣2分		
5	锪孔 $6^{+0.05}_{0}$	12	超差不得分		
6	$Ra12.5$	8	一处超差扣1分		
7	安全文明生产	只扣分，最高不超过10分	工具的使用和操作姿势不正确扣1~5分，出现重大安全事故扣5~10分		
	总分	100	合计		

三、实训工作页

实训任务（课题）		学　　时	
实训时间		实训场地	
实训目的			
实训任务			
实训内容及步骤			
实训心得			
指导教师批阅			

四、孔加工任务评价表

班级：   组别：   姓名：

项目	评价内容	评价等级（学生自评）		
		A	B	C
关键能力考核项目	纪律意识。遵守学习场所管理规定，服从安排			
	安全意识和责任意识。规范佩戴防护用品，"6S"管理意识，注重节约、节能与环保意识			
	学习态度。积极主动，能参加安排的活动			
	团队合作意识。注重沟通，能自主学习及相互协作			
专业能力考核项目	主动学习，学习准备充分			
	按时按要求完成工作任务相关准备			
	工具、设备选择得当，使用符合技术要求			
	操作规范，符合要求			
	注重工作效率与工作质量			
小组评语及建议		组长签名： 　　　　年　　月　　日		
教师评语及建议		教师签名： 　　　　年　　月　　日		

技能训练九　孔加工练习 II

一、实训图纸

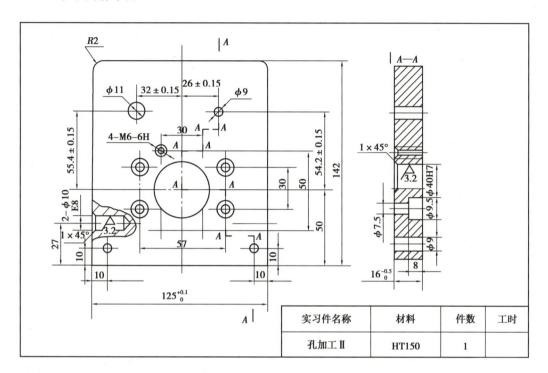

实习件名称	材料	件数	工时
孔加工 II	HT150	1	

二、检测项目及评分标准

班级：　　　　　　　姓名：　　　　　　　成绩：

序号	质量检查内容	配分 / 分	评分标准	检测记录	得分 / 分
1	$\phi 40H7$、$\phi 10H8$	18	一处超差扣 6 分		
2	中心距 ±0.15 mm	24	一处超差扣 6 分		
3	沉孔 $\phi 9.5$、$\phi 7.5$	12	一处超差扣 3 分		
4	底孔 $\phi 5$	4	一处超差扣 1 分		
5	$125^{+0.1}_{0}$	12	超差不得分		
6	未注公差尺寸	24	一处超差扣 1 分		
7	铰孔 $Ra3.2$	6	一处超差扣 2 分		
8	安全文明生产	只扣分，最高不超过 10 分	工具的使用和操作姿势不正确扣 1~5 分，出现重大安全事故扣 5~10 分		
	总分	100	合计		

三、实训工作页

实训任务（课题）		学　　时	
实训时间		实训场地	
实训目的			
实训任务			
实训内容及步骤			
实训心得			
指导教师批阅			

四、孔加工任务评价表

班级： 组别： 姓名：

项目	评价内容	评价等级（学生自评）		
		A	B	C
关键能力考核项目	纪律意识。遵守学习场所管理规定，服从安排			
	安全意识和责任意识。规范佩戴防护用品，"6S"管理意识，注重节约、节能与环保意识			
	学习态度。积极主动，能参加安排的活动			
	团队合作意识。注重沟通，能自主学习及相互协作			
专业能力考核项目	主动学习，学习准备充分			
	按时按要求完成工作任务相关准备			
	工具、设备选择得当，使用符合技术要求			
	操作规范，符合要求			
	注重工作效率与工作质量			
小组评语及建议		组长签名： 　　　年　　月　　日		
教师评语及建议		教师签名： 　　　年　　月　　日		

技能训练十　孔加工练习Ⅲ

一、实训图纸

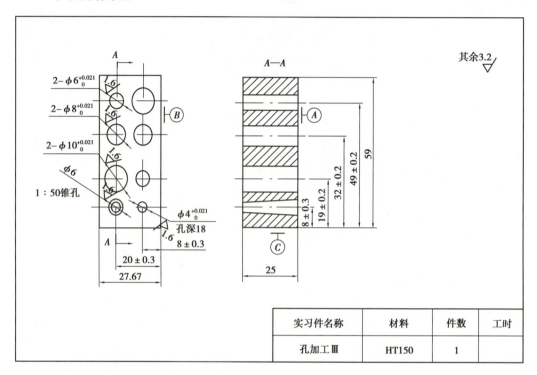

实习件名称	材料	件数	工时
孔加工Ⅲ	HT150	1	

二、检测项目及评分标准

班级：　　　　　　　　　姓名：　　　　　　　　　成绩：

序号	质量检查内容	配分/分	评分标准	检测记录	得分/分
1	孔距 ±0.3 mm	20	一处超差扣2分		
2	孔距 ±0.2 mm	12	一处超差扣2分		
3	铰孔公差 $^{+0.021}_{0}$	36	一处超差扣5分		
4	铰孔 Ra1.6	24	一处超差扣3分		
5	$\phi 6$、1:50锥孔正确	8	用锥削检查结果		
6	安全文明生产	只扣分，最高不超过10分	工具的使用和操作姿势不正确扣1~5分，出现重大安全事故扣5~10分		
	总分	100	合计		

三、实训工作页

实训任务（课题）		学　　时	
实训时间		实训场地	

实训目的	
实训任务	
实训内容及步骤	
实训心得	
指导教师批阅	

四、孔加工任务评价表

班级：   组别：   姓名：

项目	评价内容	评价等级（学生自评）		
		A	B	C
关键能力 考核项目	纪律意识。遵守学习场所管理规定，服从安排			
	安全意识和责任意识。规范佩戴防护用品，"6S"管理意识，注重节约、节能与环保意识			
	学习态度。积极主动，能参加安排的活动			
	团队合作意识。注重沟通，能自主学习及相互协作			
专业能力 考核项目	主动学习，学习准备充分			
	按时按要求完成工作任务相关准备			
	工具、设备选择得当，使用符合技术要求			
	操作规范，符合要求			
	注重工作效率与工作质量			
小组评语及建议		组长签名： 　　　年　　月　　日		
教师评语及建议		教师签名： 　　　年　　月　　日		

技能训练十一　内螺纹加工

一、实训图纸

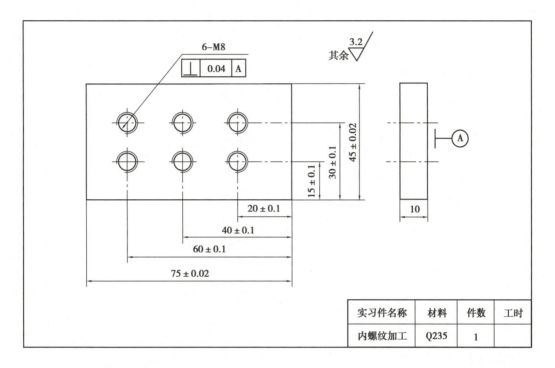

实习件名称	材料	件数	工时
内螺纹加工	Q235	1	

二、检测项目及评分标准

班级：　　　　　　　　　姓名：　　　　　　　　　成绩：

序号	质量检查内容	配分/分	评分标准	检测记录	得分/分
1	孔距 ±0.1 mm	30	一处不合格扣5分		
2	孔垂直度 0.04 mm	12	一处不合格扣2分		
3	6–M8 内螺纹：螺纹完整、无乱牙、不歪斜	30	一处不合格扣5分		
4	M6 内螺纹有效深度	18	一处不合格扣3分		
5	安全文明生产	10	工具的使用和操作姿势不正确扣1~5分，出现重大安全事故扣5~10分		
	总分	100	合计		

三、实训工作页

实训任务（课题）		学　　时	
实训时间		实训场地	
实训目的			
实训任务			
实训内容及步骤			
实训心得			
指导教师批阅			

四、内螺纹加工任务评价表

班级：　　　　　　　　组别：　　　　　　　　姓名：

项目	评价内容	评价等级（学生自评）		
		A	B	C
关键能力考核项目	纪律意识。遵守学习场所管理规定，服从安排			
	安全意识和责任意识。规范佩戴防护用品，"6S"管理意识，注重节约、节能与环保意识			
	学习态度。积极主动，能参加安排的活动			
	团队合作意识。注重沟通，能自主学习及相互协作			
专业能力考核项目	主动学习，学习准备充分			
	按时按要求完成工作任务相关准备			
	工具、设备选择得当，使用符合技术要求			
	操作规范，符合要求			
	注重工作效率与工作质量			
小组评语及建议		组长签名： 　　年　　月　　日		
教师评语及建议		教师签名： 　　年　　月　　日		

技能训练十二　外螺纹加工

一、实训图纸

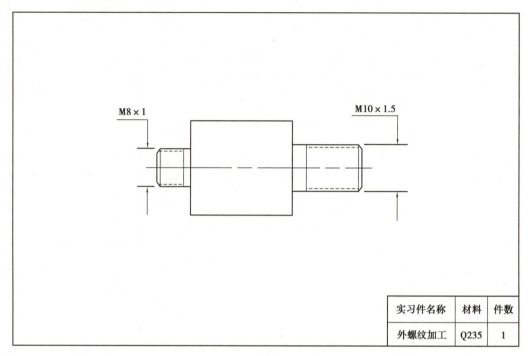

实习件名称	材料	件数
外螺纹加工	Q235	1

二、检测项目及评分标准

班级：　　　　　　　　姓名：　　　　　　　　成绩：

序号	质量检查内容	配分/分	评分标准	检测记录	得分/分
1	工件安装：稳固、无倾斜	20	不合格不得分		
2	工具安装：板牙与板牙架正确安装	20	不合格不得分		
3	M8 外螺纹：螺纹完整、无乱牙、不歪斜、无毛刺	20	不合格不得分		
4	M10 外螺纹：螺纹完整、无乱牙、不歪斜、无毛刺	20	不合格不得分		
5	安全文明生产：工具的使用和操作姿势正确	20	不合格不得分		
总分		100	合计		

三、实训工作页

实训任务（课题）		学　　时	
实训时间		实训场地	
实训目的			
实训任务			
实训内容及步骤			
实训心得			
指导教师批阅			

四、外螺纹加工任务评价表

班级:　　　　　　　　　组别:　　　　　　　　　姓名:

项目	评价内容	评价等级（学生自评）		
		A	B	C
关键能力考核项目	纪律意识。遵守学习场所管理规定，服从安排			
	安全意识和责任意识。规范佩戴防护用品，"6S"管理意识，注重节约、节能与环保意识			
	学习态度。积极主动，能参加安排的活动			
	团队合作意识。注重沟通，能自主学习及相互协作			
专业能力考核项目	主动学习，学习准备充分			
	按时按要求完成工作任务相关准备			
	工具、设备选择得当，使用符合技术要求			
	操作规范，符合要求			
	注重工作效率与工作质量			
小组评语及建议		组长签名: 　　　年　　月　　日		
教师评语及建议		教师签名: 　　　年　　月　　日		

技能训练十三　制作 L 形工件

一、实训图纸

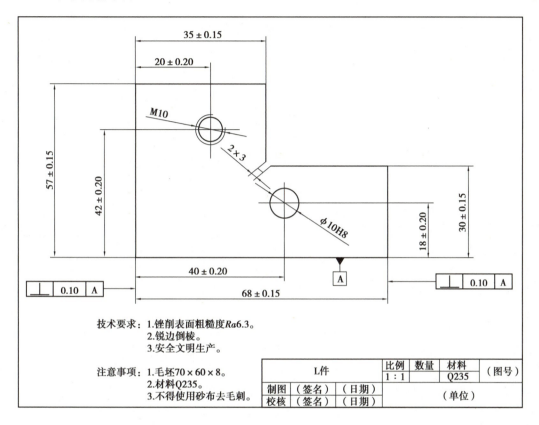

技术要求：1.锉削表面粗糙度Ra6.3。
　　　　　2.锐边倒棱。
　　　　　3.安全文明生产。

注意事项：1.毛坯70×60×8。
　　　　　2.材料Q235。
　　　　　3.不得使用砂布去毛刺。

L件		比例	数量	材料	（图号）
		1：1		Q235	
制图	（签名）　（日期）				（单位）
校核	（签名）　（日期）				

二、检测项目及评分标准

班级：　　　　　　　　姓名：　　　　　　　　成绩：

序号	质量检查内容	配分 / 分	评分标准	检测记录	得分 / 分
1	（68±0.15）mm	30	超差一丝扣2分		
2	（57±0.15）mm	30	超差一丝扣2分		
3	（35±0.15）mm	30	超差一丝扣2分		
4	（30±0.15）mm	30	超差一丝扣2分		
5	（42±0.2）mm	20	超差一丝扣1分		
6	（20±0.2）mm	20	超差一丝扣1分		
7	（40±0.2）mm	20	超差一丝扣1分		
8	（18±0.2）mm	20	超差一丝扣1分		
9	攻丝 M10	6	超差两丝扣1分		
10	ϕ 10H8	6	超差两丝扣1分		

续表

序号	质量检查内容	配分／分	评分标准	检测记录	得分／分
11	开槽 2×3	2	根据操作规范扣分		
12	垂直度 ×2 处	6	超差两丝扣 1 分		
13	锐边倒棱	10	根据操作规范扣分		
14	表面粗糙度	10	根据操作规范扣分		
15	安全文明生产及清洁卫生	10	工具的使用和操作姿势不正确扣 1~5 分，出现重大安全事故扣 5~10 分，清洁卫生 1~5 分		
	总分	250	合计		

三、实训工作页

实训任务（课题）		学　　时	
实训时间		实训场地	
实训目的			
实训任务			
实训内容及步骤			
实训心得			
指导教师批阅			

四、制作 L 形工件任务评价表

班级：　　　　　　　　　　组别：　　　　　　　　　姓名：

项目	评价内容	评价等级（学生自评）		
		A	B	C
关键能力考核项目	纪律意识。遵守学习场所管理规定，服从安排			
	安全意识和责任意识。规范佩戴防护用品，"6S"管理意识，注重节约、节能与环保意识			
	学习态度。积极主动，能参加安排的活动			
	团队合作意识。注重沟通，能自主学习及相互协作			
专业能力考核项目	主动学习，学习准备充分			
	按时按要求完成工作任务相关准备			
	工具、设备选择得当，使用符合技术要求			
	操作规范，符合要求			
	注重工作效率与工作质量			
小组评语及建议			组长签名： 　　　　年　　月　　日	
教师评语及建议			教师签名： 　　　　年　　月　　日	

技能训练十四　制作凸形工件

一、实训图纸

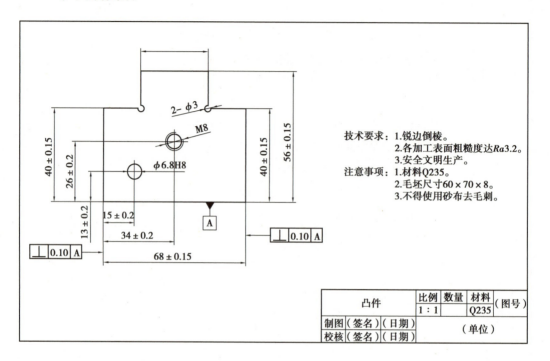

技术要求：1.锐边倒棱。
　　　　　2.各加工表面粗糙度达Ra3.2。
　　　　　3.安全文明生产。
注意事项：1.材料Q235。
　　　　　2.毛坯尺寸60×70×8。
　　　　　3.不得使用砂布去毛刺。

凸件	比例	数量	材料	（图号）
	1：1		Q235	
制图（签名）（日期）			（单位）	
校核（签名）（日期）				

二、检测项目及评分标准

班级：　　　　　　　　姓名：　　　　　　　　成绩：

序号	质量检查内容	配分/分	评分标准	检测记录	得分/分
1	（68±0.15）mm	15	超差一丝扣1分		
2	（56±0.15）mm	15	超差一丝扣1分		
3	（32±0.15）mm	15	超差一丝扣1分		
4	（40±0.15）mm	15	超差一丝扣1分		
5	（40±0.15）mm	15	超差一丝扣1分		
6	（13±0.2）mm	20	超差一丝扣1分		
7	（15±0.2）mm	20	超差一丝扣1分		
8	（26±0.2）mm	20	超差一丝扣1分		
9	（34±0.2）mm	20	超差一丝扣1分		
10	攻丝 M10	15	超差两丝扣1分		
11	$\phi 6.8H8$	10	超差两丝扣1分		
12	2-$\phi 3$	10	根据操作规范扣分		

续表

序号	质量检查内容	配分 / 分	评分标准	检测记录	得分 / 分
13	垂直度 ×2 处	20	超差两丝扣 1 分		
14	锐边倒棱	14	根据操作规范扣分		
15	表面粗糙度	16	根据操作规范扣分		
16	安全文明生产及清洁卫生	10	工具的使用和操作姿势不正确扣 1~5 分，出现重大安全事故扣 5~10 分，清洁卫生 1~5 分		
	总分	250	合计		

三、实训工作页

实训任务（课题）		学　　时	
实训时间		实训场地	
实训目的			
实训任务			
实训内容及步骤			
实训心得			
指导教师批阅			

四、制作凸形工件任务评价表

班级：　　　　　　　　　　组别：　　　　　　　　　　姓名：

项目	评价内容	评价等级（学生自评）		
		A	B	C
关键能力考核项目	纪律意识。遵守学习场所管理规定，服从安排			
	安全意识和责任意识。规范佩戴防护用品，"6S"管理意识，注重节约、节能与环保意识			
	学习态度。积极主动，能参加安排的活动			
	团队合作意识。注重沟通，能自主学习及相互协作			
专业能力考核项目	主动学习，学习准备充分			
	按时按要求完成工作任务相关准备			
	工具、设备选择得当，使用符合技术要求			
	操作规范，符合要求			
	注重工作效率与工作质量			
小组评语及建议		组长签名： 　　　　年　　月　　日		
教师评语及建议		教师签名： 　　　　年　　月　　日		

技能训练十五　制作 V 形工件

一、实训图纸

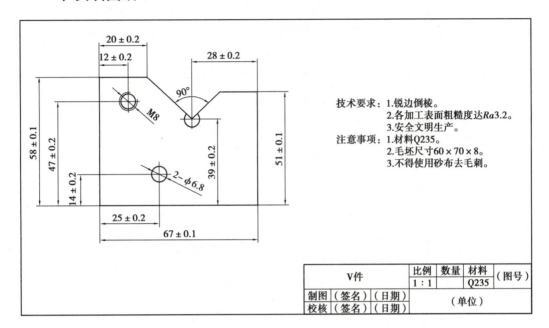

技术要求：1.锐边倒棱。
2.各加工表面粗糙度达Ra3.2。
3.安全文明生产。

注意事项：1.材料Q235。
2.毛坯尺寸60×70×8。
3.不得使用砂布去毛刺。

V件		比例	数量	材料	（图号）
		1：1		Q235	
制图	（签名）（日期）			（单位）	
校核	（签名）（日期）				

二、检测项目及评分标准

班级：　　　　　　　　　姓名：　　　　　　　　　成绩：

序号	质量检查内容	配分 / 分	评分标准	检测记录	得分 / 分
1	（67±0.1）mm	20	超差一丝扣2分		
2	（58±0.1）mm	20	超差一丝扣2分		
3	（51±0.1）mm	20	超差一丝扣2分		
4	（47±0.2）mm	20	超差一丝扣1分		
5	（14±0.2）mm	20	超差一丝扣1分		
6	（39±0.2）mm	20	超差一丝扣1分		
7	（25±0.2）mm	20	超差一丝扣1分		
8	（12±0.2）mm	20	超差一丝扣1分		
9	（28±0.2）mm	20	超差一丝扣1分		
10	（20±0.2）mm	20	超差一丝扣1分		
11	攻丝 M8	10	超差两丝扣1分		
12	2-ϕ6.8	4	超差两丝扣1分		

续表

序号	质量检查内容	配分/分	评分标准	检测记录	得分/分
13	垂直度×4处	10	超差两丝扣1分		
14	锐边倒棱	6	根据操作规范扣分		
15	表面粗糙度	10	根据操作规范扣分		
16	安全文明生产及清洁卫生	10	工具的使用和操作姿势不正确扣1~5分，出现重大安全事故扣5~10分，清洁卫生1~5分		
	总分	250	合计		

三、实训工作页

实训任务（课题）		学　　时	
实训时间		实训场地	
实训目的			
实训任务			
实训内容及步骤			
实训心得			
指导教师批阅			

四、制作 V 形工件任务评价表

班级：　　　　　　　　　　　组别：　　　　　　　　　　姓名：

项目	评价内容	评价等级（学生自评）		
		A	B	C
关键能力考核项目	纪律意识。遵守学习场所管理规定，服从安排			
	安全意识和责任意识。规范佩戴防护用品，"6S"管理意识，注重节约、节能与环保意识			
	学习态度。积极主动，能参加安排的活动			
	团队合作意识。注重沟通，能自主学习及相互协作			
专业能力考核项目	主动学习，学习准备充分			
	按时按要求完成工作任务相关准备			
	工具、设备选择得当，使用符合技术要求			
	操作规范，符合要求			
	注重工作效率与工作质量			
小组评语及建议	组长签名： 　　　　年　　月　　日			
教师评语及建议	教师签名： 　　　　年　　月　　日			

技能训练十六　制作燕尾形工件

一、实训图纸

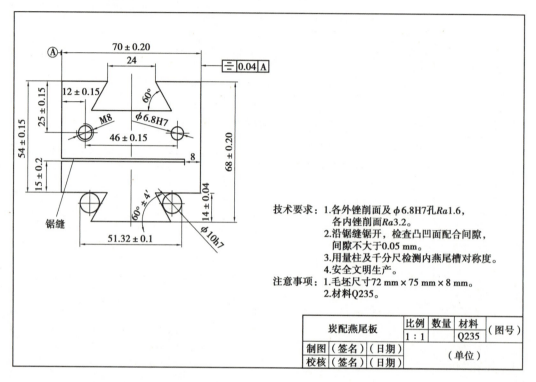

技术要求：1.各外锉削面及 φ6.8H7 孔 Ra1.6，
　　　　　　各内锉削面 Ra3.2。
　　　　　2.沿锯缝锯开，检查凸凹面配合间隙，
　　　　　　间隙不大于 0.05 mm。
　　　　　3.用量柱及千分尺检测内燕尾槽对称度。
　　　　　4.安全文明生产。

注意事项：1.毛坯尺寸 72 mm×75 mm×8 mm。
　　　　　2.材料 Q235。

坎配燕尾板	比例	数量	材料	（图号）
	1:1		Q235	
制图（签名）（日期）				（单位）
校核（签名）（日期）				

二、检测项目及评分标准

班级：　　　　　　　　　姓名：　　　　　　　　　成绩：

序号	质量检查内容	配分/分	评分标准	检测记录	得分/分
1	（70±0.20）mm	20	超差一丝扣1分		
2	（68±0.20）mm	20	超差一丝扣1分		
3	（54±0.15）mm	15	超差一丝扣1分		
4	（15±0.20）mm	20	超差一丝扣1分		
5	（25±0.15）mm	15	超差一丝扣1分		
6	（46±0.15）mm	15	超差一丝扣1分		
7	（51.32±0.1）mm	10	超差一丝扣1分		
8	（12±0.15）mm	15	超差一丝扣1分		
9	24 mm	10	超差一丝扣1分		
10	攻丝 M8	15	超差两丝扣1分		
11	φ6.8H8	10	超差两丝扣1分		
12	对称度	20	根据操作规范扣分		

续表

序号	质量检查内容	配分 / 分	评分标准	检测记录	得分 / 分
13	凸凹件间隙配合	20	超差两丝扣 1 分		
14	锐边倒棱	14	根据操作规范扣分		
15	表面粗糙度 $\phi 6.8H7$	5	根据操作规范扣分		
16	其余各面表面粗糙度	16	根据操作规范扣分		
17	安全文明生产及清洁卫生	10	工具的使用和操作姿势不正确扣 1~5 分，出现重大安全事故扣 5~10 分，清洁卫生 1~5 分		
	总分	250	合计		

三、实训工作页

实训任务（课题）		学　　时	
实训时间		实训场地	
实训目的			
实训任务			
实训内容及步骤			
实训心得			
指导教师批阅			

四、制作燕尾形工件任务评价表

班级：　　　　　　　　组别：　　　　　　　　姓名：

项目	评价内容	评价等级（学生自评）		
		A	B	C
关键能力考核项目	纪律意识。遵守学习场所管理规定，服从安排			
	安全意识和责任意识。规范佩戴防护用品，"6S"管理意识，注重节约、节能与环保意识			
	学习态度。积极主动，能参加安排的活动			
	团队合作意识。注重沟通，能自主学习及相互协作			
专业能力考核项目	主动学习，学习准备充分			
	按时按要求完成工作任务相关准备			
	工具、设备选择得当，使用符合技术要求			
	操作规范，符合要求			
	注重工作效率与工作质量			
小组评语及建议	组长签名：　　　　　　年　　月　　日			
教师评语及建议	教师签名：　　　　　　年　　月　　日			

技能训练十七　制作鸭嘴榔头

一、实训图纸

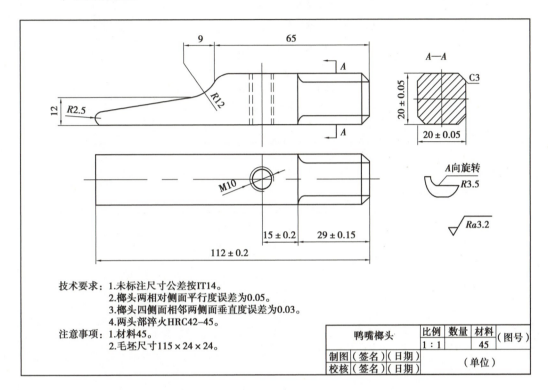

技术要求：1.未标注尺寸公差按IT14。
　　　　　2.榔头两相对侧面平行度误差为0.05。
　　　　　3.榔头四侧面相邻两侧面垂直度误差为0.03。
　　　　　4.两头部淬火HRC42-45。
注意事项：1.材料45。
　　　　　2.毛坯尺寸115×24×24。

鸭嘴榔头	比例	数量	材料	（图号）
	1：1		45	
制图（签名）（日期）			（单位）	
校核（签名）（日期）				

二、检测项目及评分标准

班级：　　　　　　　　姓名：　　　　　　　　成绩：

序号	质量检查内容	配分/分	评分标准	检测记录	得分/分
1	（68±0.15）mm	15	超差一丝扣1分		
2	（56±0.15）mm	15	超差一丝扣1分		
3	（32±0.15）mm	15	超差一丝扣1分		
4	（40±0.15）mm	15	超差一丝扣1分		
5	（40±0.15）mm	15	超差一丝扣1分		
6	（13±0.2）mm	20	超差一丝扣1分		
7	（15±0.2）mm	20	超差一丝扣1分		
8	（26±0.2）mm	20	超差一丝扣1分		
9	（34±0.2）mm	20	超差一丝扣1分		
10	攻丝 M10	15	超差两丝扣1分		
11	ϕ6.8H8	10	超差两丝扣1分		

续表

序号	质量检查内容	配分 / 分	评分标准	检测记录	得分 / 分
12	2−ϕ3	10	根据操作规范扣分		
13	垂直度 ×2 处	20	超差两丝扣 1 分		
14	锐边倒棱	14	根据操作规范扣分		
15	表面粗糙度	16	根据操作规范扣分		
16	安全文明生产及清洁卫生	10	工具的使用和操作姿势不正确扣 1~5 分，出现重大安全事故扣 5~10 分，清洁卫生 1~5 分		
	总分	250	合计		

三、实训工作页

实训任务（课题）		学　时	
实训时间		实训场地	
实训目的			
实训任务			
实训内容及步骤			
实训心得			
指导教师批阅			

四、制作鸭嘴榔头任务评价表

班级：　　　　　　　　　组别：　　　　　　　　　姓名：

项目	评价内容	评价等级（学生自评）		
		A	B	C
关键能力考核项目	纪律意识。遵守学习场所管理规定，服从安排			
	安全意识和责任意识。规范佩戴防护用品，"6S"管理意识，注重节约、节能与环保意识			
	学习态度。积极主动，能参加安排的活动			
	团队合作意识。注重沟通，能自主学习及相互协作			
专业能力考核项目	主动学习，学习准备充分			
	按时按要求完成工作任务相关准备			
	工具、设备选择得当，使用符合技术要求			
	操作规范，符合要求			
	注重工作效率与工作质量			
小组评语及建议	组长签名：　　　　　　　　年　　月　　日			
教师评语及建议	教师签名：　　　　　　　　年　　月　　日			

参考文献

［1］吴光文，杨小刚，龙中江．钳工工艺与技能训练［M］．重庆：西南大学出版社，2022.

［2］熊建武，徐文庆，谢学民．钳工实训［M］．西安：西安电子科技大学出版社，2021.

［3］厉萍，曹恩芬．钳工工艺与技能训练［M］．北京：机械工业出版社，2021.

［4］杨新田．钳工工艺与技能［M］．北京：兵器工业出版社，2018.

［5］李东明，秦代华．钳工工艺及实训［M］．重庆：西南师范大学出版社，2010.

更多服务

ISBN 978-7-5689-4965-1

9 787568 949651 >

定价：48.00元